思维导图高效工作法

EFFICIENT WAY TO WORK WITH MIND MAPPING

中国友谊出版公司

图书在版编目（CIP）数据

思维导图高效工作法 / 陈苏娟著. -- 北京 : 中国友谊出版公司, 2020.10

ISBN 978-7-5057-5004-3

Ⅰ. ①思… Ⅱ. ①陈… Ⅲ. ①思维方法－通俗读物 Ⅳ. ①B804-49

中国版本图书馆CIP数据核字（2020）第176387号

书名 思维导图高效工作法
作者 陈苏娟
出版 中国友谊出版公司
发行 中国友谊出版公司
经销 新华书店
印刷 河北鹏润印刷有限公司
规格 700×980毫米 16开
14.5印张 167千字
版次 2020年12月第1版
印次 2020年12月第1次印刷
书号 ISBN 978-7-5057-5004-3
定价 48.00元
地址 北京市朝阳区西坝河南里17号楼
邮编 100028
电话 （010）64678009

目录

CONTENTS

第一篇

第二篇

第三篇 开始绘制思维导图

第四篇 用思维导图进行自我管理

第五篇 用思维导图进行工作管理

大家都在用的思维导图

解决问题，一张思维导图就够了

现代社会获取信息的渠道种类繁多，除传统媒体渠道外，以微信、微博、今日头条、抖音等为代表的新媒体平台，正不断改变着人们获取信息的方式。但不可忽略的是，此类新媒体渠道提供的信息大多呈碎片化，而知识只有被结构化地加工，让信息之间产生关联，才会让记忆变得更加牢固。只有形成自己的记忆库以后，人们在解决问题的时候才可以更快速、有效地调用已有的知识和信息。鉴于此，思维导图一经出现，便引发了一场席卷全球的思维风暴。

思维导图，英文是mind map，又叫心智图，是表达发散性思维的有效图形思维工具。思维导图以图文并重的方式，把各级主题的关系用相互隶属与相关的层级图表现出来，使主题关键词与图像、颜色等建立记忆联结。思维导图充分调动左右脑的机能，利用记忆、阅读、思维的规律，协助人们在科学与艺术、逻辑与想象之间平衡发展，从而开启人类大脑的无限潜能。因此，思维导图具有激发人类思维的强大功能。

思维导图可以将思维可视化。放射性思考是人类大脑的自然思考方式，每一种进入大脑的信息，不论是感觉、记忆还是想法，抑或是文字、数字、食物、线条、颜色、节奏等，都可以成为一个思考中心，由此中心向外发散出成千上万的节点。每一个节点与中心主题联结， 每一个联结又可以成为下一个中心主题，再向外发散出成千上万的节点，呈现出放射性结构。这些节点的联结形象化地展示了人的记忆， 看起来就像大脑中联结着的神经元。思维导图能帮助我们形成个人数据库，让头脑中的内容更清晰。

所以，当我们遇到问题，苦于找不到答案、找不到思路的时候，只需要尝试着在纸上画一张思维导图，以要解决的问题为中心往外呈放射性思考，很多之前束手无策的难题在思维导图工作法的帮助下，往往可以迎刃而解。

如此神奇有效的思维导图工作法该如何快速入门呢？非常简单，掌握四大关键点即可助你立刻上手画出自己的思维导图。

关键点一：发散性思维

无论多么复杂的问题，只要以需要解决的问题为中心，往外呈放射性思考，就可以进行系统性分析，找到信息之间的关联性，从不同角度去思考和解决问题。

关键点二：图文并茂

使用思维导图时，图文并茂的方式能帮助人们激发创意思考，调动全脑思维，给大脑增加很多趣味性和想象力。在树立全局观的同时，又能让人们进一步思考真正重要的到底是什么。

关键点三：关键词

每一条进入大脑的信息都可以简化为一张图，或是一个关键词，因此图或关键词又称为“关键信息”。关键信息能引发新的联想，使得思路被打开，想法源源不断地涌现。“每一个关键词都是下一个思考的起点”，使用关键词不仅能简化信息、打开思路，还可以帮助人们更好地记忆信息。

关键点四：颜色

色彩能帮助人们缩短搜索信息的时间，思维导图中使用颜色帮助区分信息归属的组块，为记忆提供线索。有效利用色彩能帮助人们提升大约70%的理解度、60%的记忆效果，同时人们依据对色彩的不同感受力，可以绘制出极具个人特色的思维导图。

掌握以上四个关键点，能够使你在工作中考虑问题更加全面，提炼信息更加精准、清晰，有效记忆能力显著提升。发散性思维导图不仅能帮助大脑开发创意思考能力，还能提升逻辑思考能力。这将帮助你在工作、生活、学习的方方面面实现超高效率，快人一步解决问题，这就是我倡导思维导图工作法的意义。

思维导图工作法的应用是多元的，例如活动策划、高效会议、时间管理、项目管理、头脑风暴、学习笔记、旅行清单等。长期使用思维导图还可以帮助你拓展思维的广度和深度，提升思考的质量。

比如，在学习了一天的课程后，你记得自己是怎么记笔记的吗？通常的记录方式是用密密麻麻的文字，一页记不下，又转到了下一页，这是一种单一直线型的思维逻辑。学过思维导图之后，你可以将笔记变得既简洁又有结构。信息之间不再是孤立的碎片，而是建立了关联，一页纸就可以呈现所有信息，方便回忆检索，还能减轻记忆的负担。

美丽的南沙群岛

传说仙女下凡时，在辽阔的南中国海上撒下了一串串晶莹的珍珠，这就是美丽的南沙群岛。南沙群岛位于祖国的最南端，二百多座岛屿、礁盘星罗棋布。早在两千多年前，我们的祖先就在这片浩瀚的大海上航行、捕鱼，在小岛上开垦、种植。茫茫南沙，汇入了祖先搏击风浪的汗水；片片岛屿，留下了祖先生息繁衍的烟火。

南沙是祖国巨大的蓝色宝库。她拥有难以计数的珍贵的海洋生物，蕴藏着极为丰富的矿产资源，贮存了用之不竭的海洋动力。仅曾母暗沙，就以丰富的石油储量而享有“第二波斯湾”的美誉。

南沙也是个迷人的世界。天是一片蓝玉，海是一块翡翠。远望水天相连，翡翠和蓝玉合璧，蔚为壮观。俯看清澈明亮的海水，龙虾、燕鱼、海龟五彩缤纷，令人心旷神怡。碧波浩渺的南沙海域，连海涛都是美的，每一个浪头都托起洁白的浪花，一团团，一簇簇，仿佛是欢迎的人群在挥舞着花束。可以肯定，将来的南沙群岛会是一个充满魅力的旅游胜地。

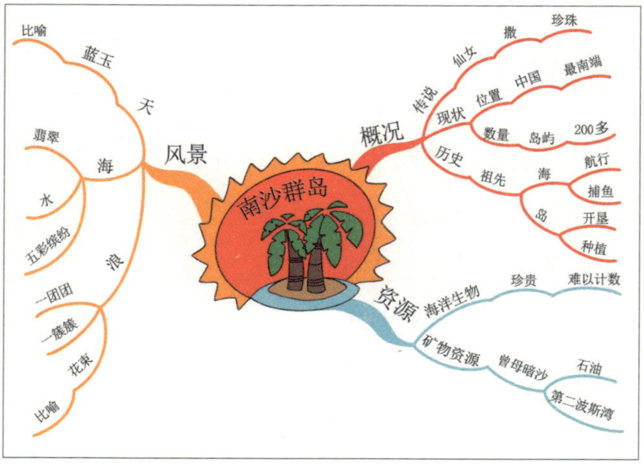

■ 用思维导图记笔记

上一页的图是我们以《美丽的南沙群岛》一文的节选内容作为例子，请你分别尝试通读选段后回忆文章内容，以及阅读思维导图笔记后回忆文章内容，对照体会思维导图对记忆的直观影响。

再比如，在召开工作会议时，大家你一言我一语地发表各自的想法，会议开了很久，最后也许依然没有讨论出有效的结论。久而久之，越来越多的人会觉得开会就是在浪费时间，想法很难统一，更别提通过开会产生有价值的结论。在会议中引入思维导图，则可以轻松记录会议要点，在大家的你一言我一语中抓住动态的思考脉络，并整合归纳，得出讨论的大方向，再进一步沿着大方向做发散性思考，一步步细化会议讨论的信息，进而根据会议需要明确行动方案，使会议的有效性大大提升。

■ 用思维导图做会议记录

能够简化问题，善于抓住问题的核心，是一个人学习和工作走向成熟的重要表现。思维导图正是帮助你实现这一目标的重要思维工具，使用思维导图发散性地展开问题，先有物再有序，在可视化地呈现思考路径时，答案往往就已经浮出水面了。毫不夸张地说，解决问题，一张思维导图就够了。

学习思维导图的好处

思维导图的创始人是东尼·博赞（Tony Buzan）先生，他于1942年出生在英国伦敦。因在大脑和学习方面的研究和贡献卓著，他被称为“智力魔法师”“世界大脑先生”。此外，他还曾因帮助查尔斯王子成功提高记忆力而被誉为英国的“记忆力之父”。

《泰晤士报》曾这样评价他：东尼·博赞让人类重新认识大脑，如同斯蒂芬·霍金让人类重新认识了宇宙。

其实，学生时期的博赞并不是班上最优秀的学生，但他很喜欢做笔记，而且把这种习惯延续到了大学。随着时间的推移，博赞发现，

记得越多，忘得越多，自己的成绩也在不断下降。于是他跑到图书馆，问图书管理员有没有一本书可以帮助人了解“大脑如何记忆和思考”，却被告知去医学专业的大脑解剖学图书中寻找。博赞听后很纳闷，自己并不是要学习如何给大脑做手术，而是想知道如何使用大脑。

博赞想到，要研究如何高效思考和记忆，就得去研究那些天才人物（被博赞称为拥有“杰出大脑”的人）是如何思考的。可思维毕竟看不见、摸不着，要想知道这些可没有那么容易，于是博赞转向研究这些杰出人物留下的思考痕迹——笔记。他搜集了大量普通人的笔记和拥有“杰出大脑”之人的笔记，并将它们做了详细对比。

在仔细研究了天才，比如达·芬奇、达尔文、毕加索、牛顿的大脑后，博赞发现他们都在用图形、涂鸦做笔记，基本上都是图文并茂的形式。

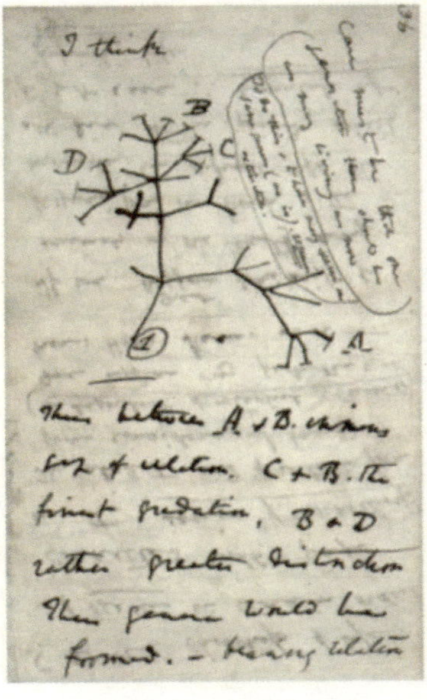

■ 达尔文的手稿，记录了他第一次深入思考生命进化树的过程

这给博赞提供了新的思路，他开始尝试将信息扩展、丰富，并用色彩做编码，再进行组织、架构，凸显重点。慢慢地，他眼前的笔记清晰了起来，思维导图就在这样的背景下诞生了。

认识我们的大脑

20世纪60年代末，加利福尼亚的教授罗杰·斯佩里公布了他对大脑中进化最为完整的区域即大脑皮层研究的结果。斯佩里初期的发现表明，皮层的两边即我们现在叫作半脑的部位，两者之间的主要智力功能有分开的倾向。如下图所示，左半脑看起来负责下列功能：词汇、数字、线性、列表、逻辑和分析，而右半脑主要负责的功能包括节奏、色彩、形状、绘图（空间感）、格式塔（完整倾向）、想象、白日梦。

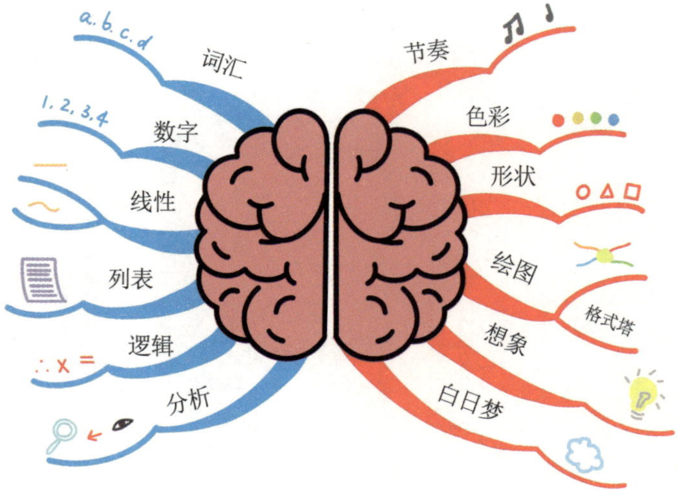

■ 左半脑、右半脑分工不同

尽量左右两个半脑在功能上各有侧重，但它们在所有领域里基本都发挥功能，由罗杰·斯佩里分辨出来的一些大脑功能实际上都分布在大脑皮层各处。左半脑、右半脑在记忆和思维的过程中是独立存在的，它们通过大脑不同区域协同完成。

对于正常人来说，大脑左右半球的功能是均衡、协调地发展的，既各司其职又密切配合，二者相辅相成，构成一个统一的控制系统。若左半脑功能没有开发，右半脑功能也不可能完全开发，反之亦然。无论是左半脑开发还是右半脑开发，最终目的是促进左半脑、右半脑的均衡和协调发展，整体开发大脑。

思维导图促进记忆力提升

记忆并不是一个结果，而是一个过程。记忆分为“记”和“忆”两个部分，在信息的输入和提取中，输入的是“记”的部分，而信息的提取是“忆”的部分。一般来说，我们不是记不住，而是回忆、提取不出来。举个例子大家就明白了：大家考试的时候都有过这样的经历，在考场上，有个知识点怎么想也想不出来，但一出考场就想起来了。也就是说，我们记住了知识点，只是在要用的时候调取不出来，这就是没有回忆的线索。提升记忆也是在创造回忆的线索。那么，如何创造呢？简单来说就是四个字：“联想”“联结”，即通过联想将要记的文字和符号转换为声音或图像，并与熟悉的信息相联结的技巧。

思维导图就是运用记忆的原理，使我们对所学的内容产生联想，借助图形、色彩、关键词、关联等，让原本平淡枯燥的事物变得生动形象、“跃然脑中”，从而便于记忆。在一张思维导图中，特别是整理型的思维导图，我们可以通过提取关键词的方式“化繁为简”，又可以仅凭绘制的思维导图“以简驭繁”，帮助记忆引申出更多的信息内容。

如今，我们处于一个信息爆炸的时代，也处于一个信息碎片化的时代。每一天，我们的大脑都在有意识或无意识地接收庞大又混杂的信息，如何从海量信息中过滤、筛选、提取、梳理出真正对自己有价值的信息，再加工变成自己的知识体系，能为己所用，就变得非常重要。

当我们面对一系列杂乱无章的信息时，使用思维导图可以帮助我们快速整理和加工这些信息，找出散乱的信息之间的规律并分类处理，提取出让大脑更容易记住的相对有序的信息。

思维导图能帮助人们打破传统的线性思维模式，提高思考的质量和记忆的效果，同时在使用思维导图的过程中调动全脑思维，使信息之间层次分明，有助于提升逻辑思维能力和创意思维能力。

小练习

下面有12个不同的示意图，你能在30秒内将它们记住吗？尝试一下思维导图的方法吧。

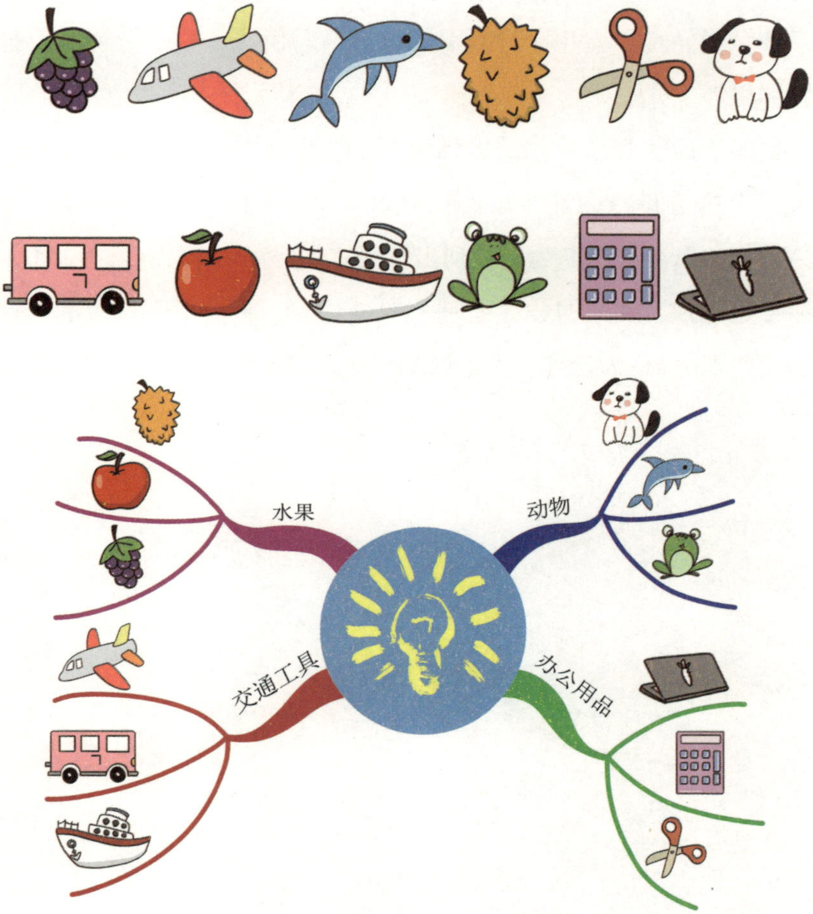

■ 思维导图帮助你在30秒内快速记忆

结构化思考提升逻辑思维能力

根据应用的方向，思维导图有两种常见的应用领域：逻辑思维领域和创意思维领域。尽管它的表达方式都是围绕一个中心主题层层往外进行发散性思考，但在逻辑思维领域的应用上，它更多地使用因果关系和分类结构，常用于计划、问题分析与解决，层次分明，符合结构化的思考方式。

比如下面这张结构化的思维导图，要表达的核心主题内容可以归纳成一个中心论点，这个中心论点可以由3~7个论据或理由支持（以“结构化的思维导图”为例，列出理由A、理由B、理由C、理由D），每一个论据或理由本身也是上一层级的论点，再由下一层级的论据支持。比如理由A作为论点，由论据A1、A2、A3支持，由此不断延伸。

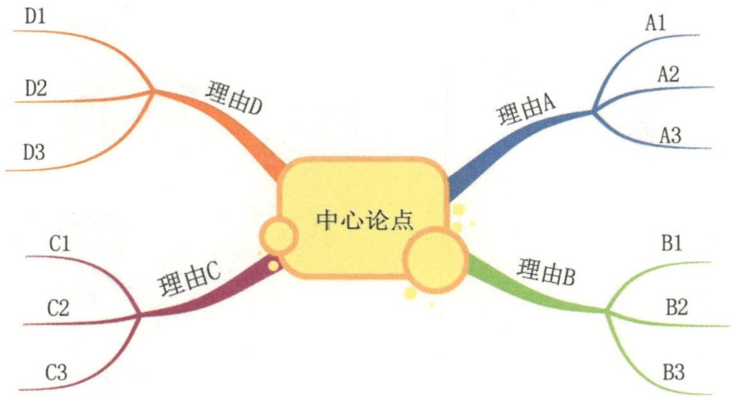

■ 结构化的思维导图

这种结构化的思考方式也符合最早由麦肯锡的芭芭拉·明托在《金字塔原理》中提出的“结论先行、以上统下、归类分组、逻辑递进”四大思考原则。

自由的发散性思维提升创意思考能力

思维导图的放射性思考可让我们从一个主题经由联想产生许多不同的思考方向，每个关键信息（关键词或图）都可以自成一个中心，往外延伸，无限扩散。当我们开始运用思维导图做创意思考时，其不同的树状结构分属不同的类别，我们能在不同的树状结构中切换，让想法具有变通性。信息元素发散的过程，在联结的时候能产生新的元素及组合。

博学多才的广告大师詹姆斯·韦布·扬（James Webb Young）曾说，创意是旧元素的新组合。

举个例子，下图是某生产型企业在创意性解决“因受市场淡旺季影响，短期产能不足，其余时间过剩”的问题时绘制的思维导图。中心图是蜜蜂，整体围绕蜜蜂做自由联想，过程是自由的、随意的，根据关键词的联结，先碰撞出备选方案，最终得出解决方案：激发员工热情，培养多面手员工；开拓新领域；实行柔性生产。

■ 思维导图帮助企业创意性解决生产问题

综上所述，使用思维导图可以帮助你开发全脑思维，提升记忆力、逻辑思考能力以及创新能力。当你学会使用发散性思维思考问题时，多角度解决问题的能力也会随之提升，长期使用，更是会提升思考的广度和深度。思维导图的应用非常广泛，比如，在工作中使用思维导图，可以帮助你记录谈话内容，提高沟通效果，也可以帮助你分析解决问题；应用在学习上，可以帮助你简化信息，同时让知识之间建立联系，提升学习效率；应用在生活中，比如进行时间管理、制定出行清单等，便于做个人管理。

思维导图的应用场景有哪些？

最初我只是对思维导图感兴趣，但最终我放弃了在国企干了10年的工作，全身心投入思维导图教学中。我自己是思维导图的受益者。我通过思维导图教学让更多人学会使用思维导图，提升了工作效率。有很多思维导图爱好者不仅提升了工作能力，还从绘制思维导图中找到了很多思考的乐趣。在思维导图的探索之路中，我深刻感受到，思维导图并不是教人们画那张看起来像网一样的图，是否美观在思维导图教学中是次要的，能解决问题、让思路更清晰、让想法更有创意，才是思维导图存在的价值。

目前，全世界已有超过3亿人在使用思维导图，很多名人或知名企业曾经公开对思维导图的评价，比如：

比尔·盖茨在2006年接受《时代》杂志专访时，坚信思维导图会在未来的信息联结及整合中扮演重要的角色，也会是创新的利器。比尔·盖茨当时所说的未来，正是现在。

美国波音公司在设计波音747飞机的时候就使用了思维导图。如果使用常规的方法，设计波音747这样一个大型的项目要花费6年的时间。但是，通过使用思维导图，工程师只用了6个月的时间就完成了波音747的设计，并节省了1000万美元！思维导图的威力惊人吧！

剑桥大学、牛津大学、哈佛大学、微软、IBM和迪士尼等世界知名学府与跨国企业反复强调思维导图在学习与工作当中的重要性。那么思维导图应该如何应用在工作、学习、生活中呢？这里跟大家分享几个具体的案例。

用于个人管理，做年度规划和时间管理

2009年12月的某一天，我写了3000多字的新年规划，这是我送给自己的新年礼物。说是礼物一点都不夸张，因为自从我开始做年度规划，比如打算一年读多少书，读哪些类型的书，每个月定期存款多少， 年度实现多少理财目标之后，我整个人的状态发生了很大变化。我开始认真读书，思考如何提升工作技能、增加收入。等到下一年的12月初， 我也会对这一年做个盘点，结果发现，该年度规划的内容都有了比较满意的结果。

做年度规划的方式很多，2009年之前，我单纯采用文字记录的方式。还记得2009年我写完了3000多字的新年规划后，打开豆瓣网，看到了一张图，上面清晰简洁地描绘了五年规划。这张图是围绕五年规划这个中心呈放射性结构展开的，没错，它就是思维导图！它非常简洁，将关键词以图文并茂的方式在一页纸上完整地呈现出来。当时我就在想，如果从实现年度规划的目的上来看，是我3000字的文章更容易提醒自己努力实现规划，还是这样的一张图更好？显然文字的内容不如图片来得直观。这之后，我开始深入了解思维导图，走上了持续学习思维导图和应用的道路。如今，每一年我都会用一张思维导图做新年规划，帮助自己厘清、看见、明确在家庭、学习、工作、健康等

方面的目标，以下是其中一年的年度计划。

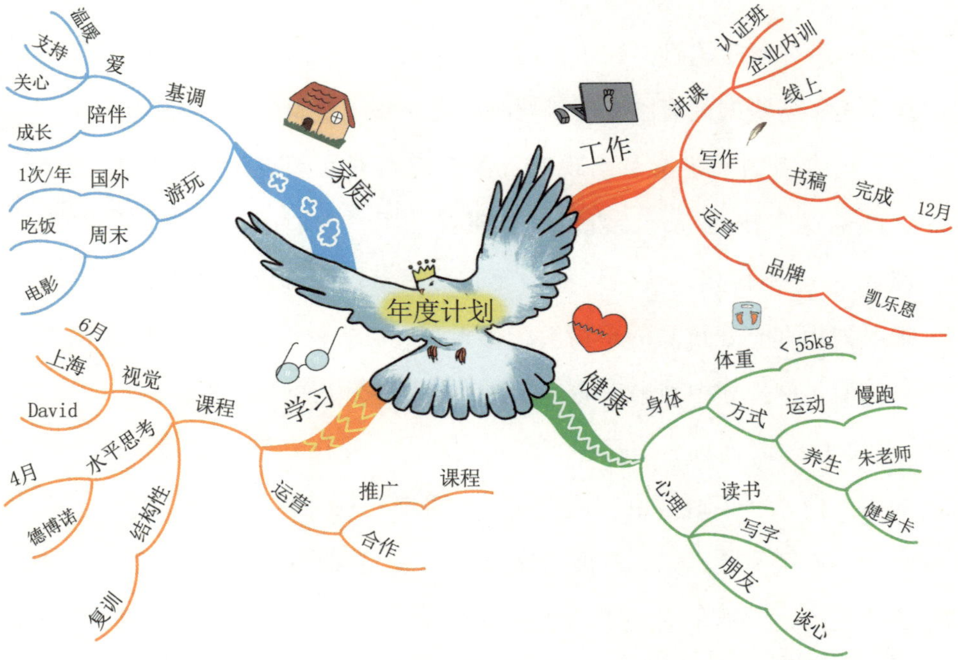

■ 年度计划

这个小小的习惯，帮助我实现了很多原本不敢想的梦想，比如创立工作室、写书、打造个人品牌等。当然，不是所有的梦想都会因为一张图而实现，但当我去思考，一笔一画写下来的时候，就离梦想更近一步。

“梦想是要有的，万一实现了呢！”我会把这一年的年度计划放在书房最显眼的地方，多看一眼，就让内心和梦想多产生一次联结。同时，我也会把每一年的年度计划集结起来，看见它们，就如同看见了自己的人生手册一样。这样的方式可以让时间看得见，让自己的成长被铭记。

我认为用思维导图写下年度规划有两个好处：

1.面对新的诱惑不知所措时，因为有年度规划，可以让自己多一层思考，毕竟时间有限，应该把时间花在真正重要的事情上。

当有新的“机会”出现时，我会自行对照年度规划，问自己：“此刻这个新的机会，真的是我想要的吗？”时间是非常宝贵的资源，一个不恰当的决策可能需要花费很多时间却没有收获。如果能把时间用在真正重要的事情上，每天花心血去灌溉，必然可以开花结果。而年度规划中列出来的，往往就是那些真正重要的事情。

2.每一天、每一周都和年度规划联结，年度计划只是确认这一年的大方向。一年通常由52周组成，如果能把周计划和年计划对应，那么人生一定不会跑偏！在做周计划时，我也同样使用思维导图。一般我会在前一周的最后一天，也就是周日晚上，花半小时左右的时间去静心思考下一周真正重要的是什么。一步步地进行思考、构建，才会离梦想越来越近。

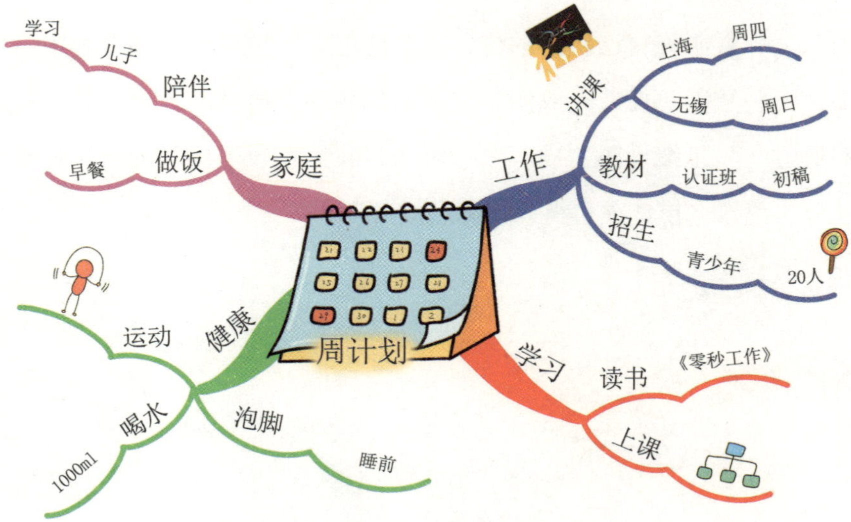

■ 周计划

用于工作场景，提升个人和团队工作效能

工作中有非常多的场景可以用到思维导图，比如自我介绍、活动策划、项目管理、会议纪要、物资准备、谈话记录、头脑风暴等。

工作中，常常会需要在短时间内完成一个项目的策划。比如我就遇到过要在短时间内做一场关于长三角地区汽车行业招聘会的活动策划。因为时间急，项目涉及合作方及赞助商，而我带的团队中又有几位是新人，如何快速做出活动策划方案、让新员工快速参与到项目的执行中，是当时需要面对和解决的实际问题。传统方式是做PPT，一页又一页地写文字，贴图片，再一页又一页地讲解。但我决定放弃PPT的展示方式，改用思维导图形式，使用一页纸对项目进行全盘策划及讲解。我把活动内容做成了一张完整的思维导图，并打印出来，给项目成员每人一张。开会时，我们对照思维导图，既能一眼看到全局，又非常明确自己所处的位置，并能根据讲解标注出谁在其中做什么，哪些是需要提前完成的，在活动现场中的角色是什么，若干问题都通过一张思维导图达成一致。后来，我们在较短的时间内快速有效地分工协作，使该项目得以顺利完成。

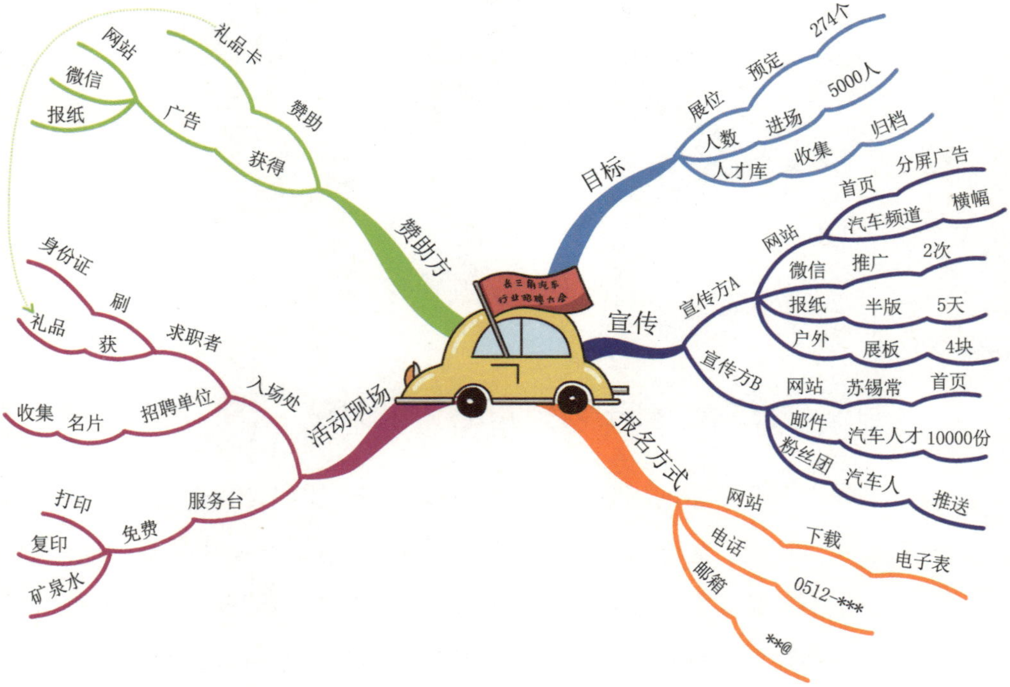

■ 项目活动策划

用于交流，提升沟通效果

在工作和生活中，有很多时候要做自我介绍。比如，刚加入一个新社群，需要让社群伙伴认识你时，自我介绍便十分有必要。很多人害怕上台当众讲话，一上台就会大脑死机，不知道说什么好。有人在上台讲话前逐字背稿，一紧张就思路中断。这时，提前绘制好一张图文并茂的思维导图，可以帮你更好地展示自我。

比如下面这张是新成员参加社群的自我介绍思维导图，从四个方面让大家了解新伙伴：基本信息、过去这一年的总结、参加新社群能给伙伴带来的帮助，以及期望的收获。

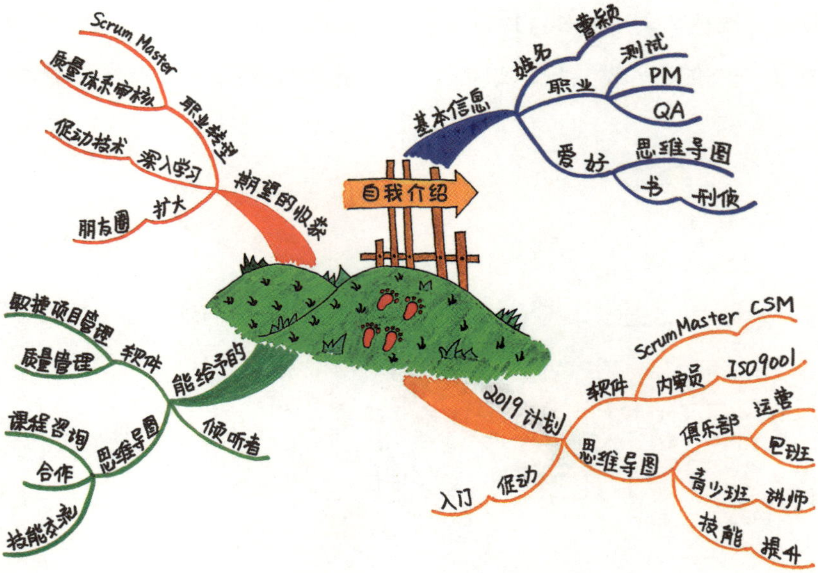

■ 自我介绍（曹颖　绘）

在职场中，沟通是一项很重要的技能。在公司内部，我们需要与同事沟通，共同协作解决问题。我们也需要和客户沟通，良好的沟通能够确保工作顺利开展；糟糕的沟通则容易浪费时间，导致工作效率低下，无法实现预期目标。

在沟通中，使用思维导图的方式可以边记录谈话边思考补充，既能保持专注力，又可以把握全局，还能把沟通的结果可视化。用思维导图把沟通的结果绘制完之后，大家可以一起根据思维导图确认沟通信息，提升沟通效果。

比如，有一次我得知台湾著名思维导图专家孙易新老师准备来苏州，我想到可以请孙老师来我们苏州的思维导图俱乐部做一次现场交流分享。有了这个想法后，我当晚立刻成立工作组，通过微信视频和团队伙伴沟通，确认活动内容和宣传方式等。我们边开会，边用思维导图记录会议内容，很快就达成共识，绘制了一张完整的会议结果思维导图。

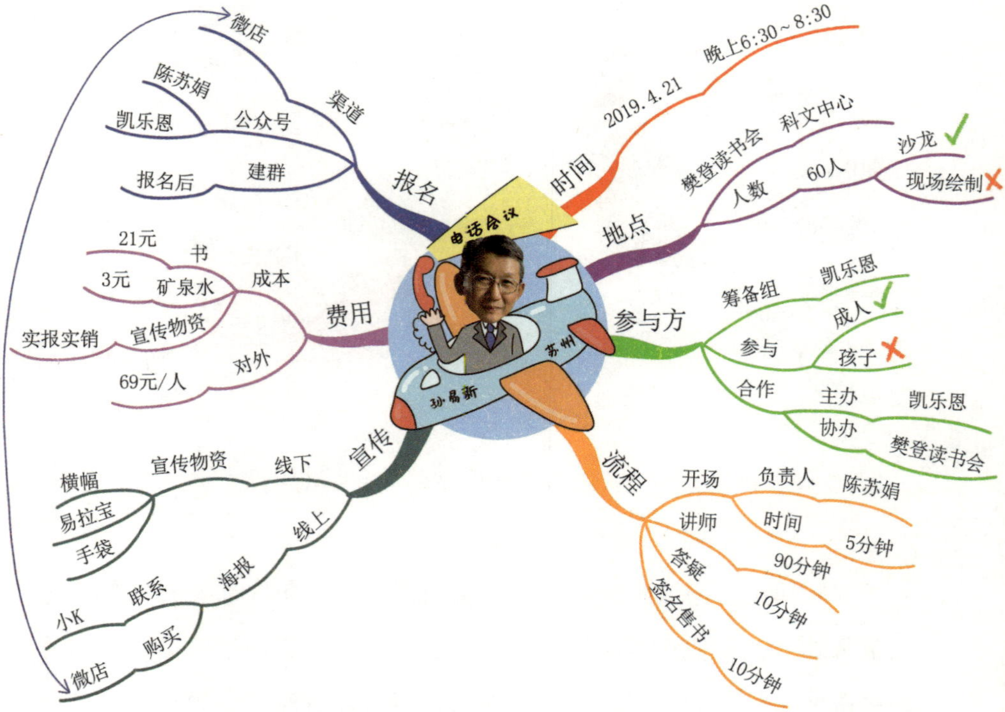

■ 思维导图在沟通中的应用

用传统的文字、语音方式沟通，由于记录的方式是条列式、碎片化的，沟通的内容会非常零碎，很难看出信息之间的关系，也难以建立全局观。如果遇到了思维跳跃的人，参与人的大脑更是会增加负担。而在沟通中使用思维导图，就可以在不同的信息脉络间灵活切换。微信视频通话结束，一张思维导图也完成了，这时候再发到群里给大家参考，更有利于团队伙伴快速、同步掌握信息，提高沟通质量。

这种沟通方式不光应用在企业内部的会议沟通上，和客户沟通也一样适用。有一次，我外出谈一个项目，遇到的一位负责人非常忙，她只给了我15分钟的会面时间，我就用思维导图边谈边记录双方的需求和目标，并把想法呈现在一张思维导图上给对方回看和确认。我清楚地记得客户对这样的方式特别喜欢，甚至主动参与到对思维导图内容中目标的进一步分解和行动方案的制定过程，那次项目沟通特别顺利，在很短的时间内我们便确定了合作意向及合作内容。

用于学习，快速构建个人知识体系

很多人读书没有收获，读完就忘，原因往往在于“不会读书”：

第一，不清楚自己读书的目的；

第二，不懂得选书，盲目跟风；

第三，不懂得把得到的信息组织起来，构建自己的知识体系。

前面两个相对比较好解决，了解自己的需求，在网上找到跟需求匹配的前10名的书单，或者去豆瓣这样的网站上看书评选择即可。你在了解一本书的时候，往往又能看到同类型的其他书籍，还有作者会在书中推荐其他书，循着这些线索，总能找到更多的主题书单。想要在一个领域快速成长，多看几本这个领域的经典好书就是很好的方法。

可是，你有没有发现，有时候书读得多，忘得也快？信息如果不能被有效地整合，建立属于自己的知识体系，很可能过段时间你都忘记了曾经学过这个知识点，读过这本书。

《零秒思考》思维导图是我在看完《零秒思考》这本书的时候，根据书中重要内容绘制出的思维导图。作者赤羽雄二在麦肯锡公司工作的14年中，非常重视一个人深入思考、制定解决方案，并能够彻底执行的能力。《零秒思考》就是他从多年实践中总结而来的。简单来说，就是运用A4纸整理思维碎片，集中1分钟时间进行“头脑体操”，从不同思考角度出发，找到至少3个可解决方案，并提供具体的方法。

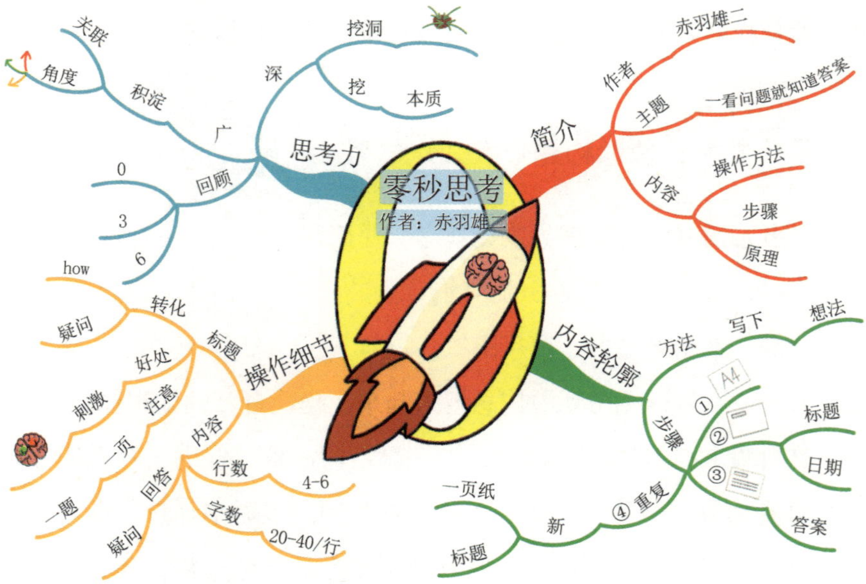

■ 《零秒思考》思维导图

从绘制完这本书的思维导图到现在已经很久了，但我还是能根据思维导图说出这本书的关键内容。在绘制这张思维导图的时候，我先明确读这本书的目的，也就是我希望通过这本书能获得什么，书中有哪些精华，哪些可以通过阅读直接拿来用。最终，我根据书中的内容，结合自己关注的重点，绘制了这本书的思维导图。

使用思维导图的方式读书的好处在于，能够有意识地抓取并使用关键信息，在信息之间形成记忆联结。我用的中心图是火箭，因为在读《零秒思考》的时候，我的大脑就像坐火箭一般，思考运转的速度飞快。同时，这本书的内容和我在思维导图课程中讲到的联想开花有一定关系，因此在职场授课中，我把书的内容灵活运用，做成了课件的一部分，成为我的课程素材，很好地应用起来。

我们需要有快速学习的能力来适应这个快速变化的社会，很多信息需要被记住、记牢。在整理信息的时候，你可以拿出一支笔、一张空白的A4纸，试着建构一张思维导图；当要进行创造或者发散思维的时候，你一样可以尝试在空白纸张上画出思维导图，在一点点的构建中，让思维的体系不断完善。

用于生活，增添乐趣

如果你觉得思维导图只能帮助提高工作效率、学习效果，那你应该还不够了解思维导图。

思维导图还可以应用在出行清单整理、旅行计划、亲子沟通中，当然也可以帮助开家庭会议、做决策等。在绘制思维导图的过程中，放松身心的同时既能保持专注力，又能给生活带来很多的乐趣。

例如，我和深圳的木木、南京的朱俊准备去大理找丽子老师，并计划在大理游学几日，我们就用思维导图现场绘制出了三个人需要准备的随身携带物品清单。

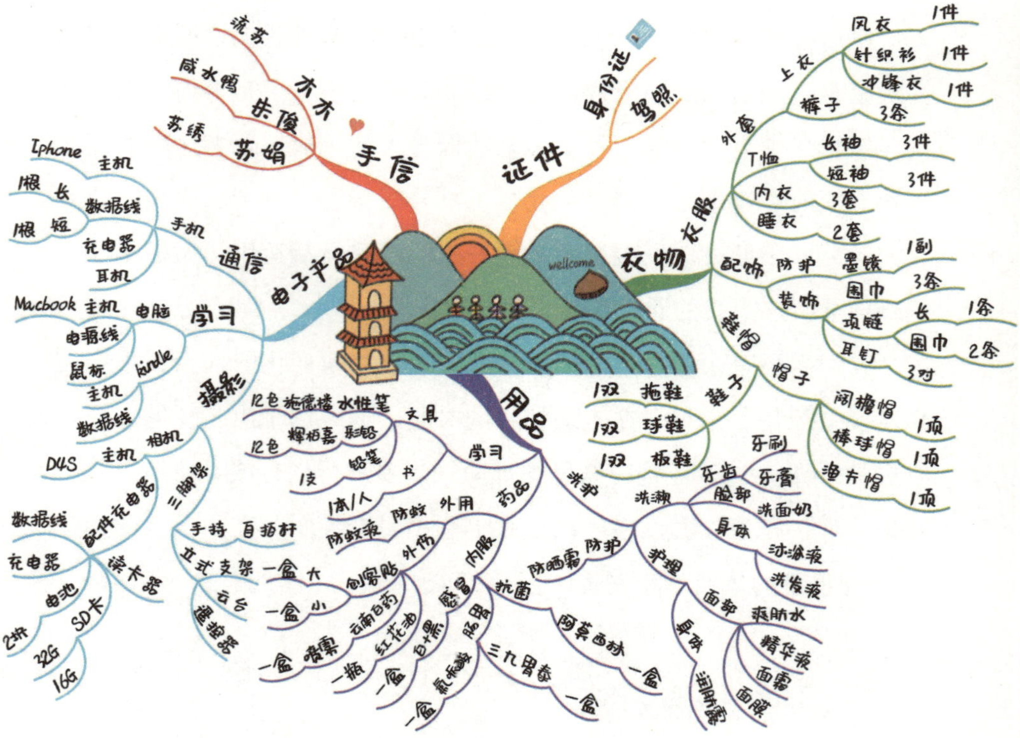

■ 用思维导图整理出行随身携带物品清单

还有一年的5月，刚吃好中饭的我坐在办公室正准备午休，突然冒出一个念头：认真思考一下减肥这件事吧！于是我随手画了一张思维导图，设定减肥目标，思考减肥的好处和困难，制订5月减肥的行动计划，并告诉自己，完成计划后不要忘记给自己一些奖励哟！

你看，当我们脑子里突然闪现出一个想法时，随时随地可以借助思维导图拆解问题，看见自己的思考过程，十分有趣。

■ 将思维导图应用于减肥计划

看了这么多案例，你一定会说：不会画画，是不是就不能使用思维导图呢？真的是这样吗？

不会画画，是不是就学不会思维导图？

很多人认为思维导图要画得好才能学会，于是，很多想学思维导图的人会问我："老师，学思维导图要会画画才行吧？我不会画画啊！对我来说太难了！"他们一边羡慕一边退却，好多人因此没能迈入学习思维导图的大门。

学过思维导图的伙伴，大多因为思维导图提升了思考的能力而大大受益。我们常常说思维导图是"思维先行，颜值加分"，用思维导图提升思维能力，才是学习思维导图的根本所在。

绘制思维导图，确实会用到图像。我们也知道，图像的好处是更多地激发右脑思维，同时，使用图像也能更好地提升记忆力。绘画能力是天生的吗？我观察到很多原本认为自己不会绘画的人，在频繁手绘思维导图的过程中，绘图能力都有了一定程度的提升。他们是怎么做到的？你是不是对绘图这事有什么误解呢？

学习思维导图的第一大误区：我不会画画

你是真的不会画画吗？很多人说我不会画画，更多的是在表达：我认为我不会。我们并不需要像毕加索、凡·高那样，画出多么有艺术成就的图画。思维导图中的图是一种视觉语言，更多的是表达方式，而非艺术呈现。

每个人都会画画，很多人小时候尽管还不认识字，但随手拿起笔和纸就可以画一些简单的图形来表达自己的想法，那时候每个人都是快乐的、充满创意的。然而随着年龄的增长，用图像的语言去思考和表达的人却越来越少了。

思维导图中的图像仅仅具有表达功能，把大脑中的想法通过图像的方式呈现。简笔画更适合应用在思维导图中。

■ 精美插图与简笔画的对比

精美插图和简单图画传递的是相同的概念，但简单图画的创作更快速。在现实的思维导图绘制中，速度和效率更为重要。

学习思维导图的第二大误区：要画得完美才行

有的人在绘制思维导图时用了大量的时间绘制中心图，力求精致美观甚至完美。我认为绘制思维导图的过程更多的是通过用思维导图去思考问题、解决问题，让思路变得清晰可见。

当我们想要做一件事时，不妨多问自己一句：我的目的或者目标是什么？如果我的目的是用15分钟时间思考一个当下面临的难题，那么一支笔、一张纸就可以解决。如果我的目的或目标是画出一张赏心悦目的思维导图，那我就多花点时间在绘制图像上。但不管是哪一种，在学习思维导图的一开始，就要求画得完美，认为画得完美才算学会了思维导图，都是偏离了思维导图的核心。

思维导图是运用图文结合的方式，把各级主题的关系用层级图表现出来，达到整理想法、便于交流、解决问题等目的。在学习思维导图的过程中，不用担心自己不会画画，更不要去纠结、评判自己画得美与丑，重要的是拿出纸和笔，大胆去尝试。

认识思维导图的世界

思维导图的核心思考法

有这样一个案例，一位老板吩咐三个员工去做同一件事：去A供货商那里调查一下他们公司某电子设备的数量、价格、品质，为公司之后的采购工作搜集信息。

不一会儿，第一位员工赶回来汇报。他没有亲自去调查，而是向下属打听了一下供货商的情况就回来做汇报。

第二位员工随后也回来汇报，他亲自到A供货商那里了解了某电子设备的数量、价格、品质。

紧接着，第三位员工回来汇报，他不但亲自到A供货商那里了解了某电子设备的数量、价格、品质，而且根据公司的采购需求，将A供货商的商品做了详细记录，和A供货商的销售经理取得了联系。在返回途中，他还去了另外两家供货商那里了解了某电子设备的信息，将三家供货商的情况做了详细比较，制定了某电子设备的最佳购买方案。

汇报的过程中，当老板问到第一位员工和第二位员工更多信息的时候，他们只好尴尬地笑笑，好不容易说出一句话："老板，其他信息您也没让问呀……"第三位员工则不同，他拿出一份资料，上面列出了详细的信息，包含了三家供应商的信息，还提供了某电子设备购买的最佳方案，请老板定夺。

老板将怎样看待这三位员工呢？答案不言而喻。

老板交代的同一件事情，很显然第三位员工完成得更出色。从这个故事里，我们可以看到三名员工真正的区别在于思维能力的不同。第三位员工在收到布置的任务时思考得非常全面，他由某电子设备的数量、价格、品质想到如果购买的话应该找谁，以及如果采购这一产品，其他供货商的情况会是什么样子。

我们常说，公司要找的员工一定是能解决问题的人，思维能力的高低往往也决定了职位的高低。看问题全面、深入，是每个职场人都需要具备的技能。

假如这三个人在同样的岗位，老板需要从中提拔一位，你觉得会选哪位呢？职场需要的是举一反三地解决问题的能力。如何才能培养和提高这些能力呢？答案是必须先从思维方式入手。思维导图是一种图形工具，在使用过程中，放射性思维非常重要，接下来我们了解一下放射性思维的两种方式：联想开花和联想接龙。

联想开花（brain bloom）：水平思考、广度思考

思维导图创始人东尼·博赞先生认为这种放射性思考模式（radiane thinking）的结构很像盛开的花朵，所以将它命名为“brain bloom”。

联想开花在思考过程中是由一个想到多个，所有思考出来的想法都必须围绕同一个题目展开。比如，由白纸你能联想到什么？有人说A4，还有人能想到文字。那么白纸就是引发联想的题目，A4、文字就是由白纸联想出来的内容。

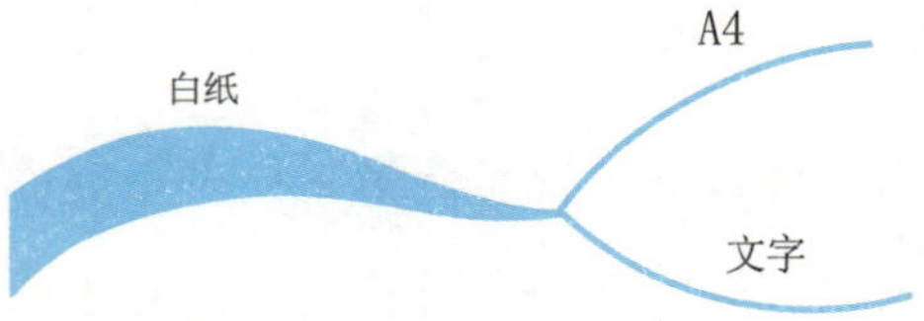

■ “白纸”引发的联想

从白纸和A4、文字所在位置上看，它们所处的阶层不同。具体来说，白纸是A4和文字的上位阶，A4和文字是白纸的下位阶，A4和文字是同位阶。在一张思维导图中，越靠近中心主题的内容，阶层越高，内容越重要。

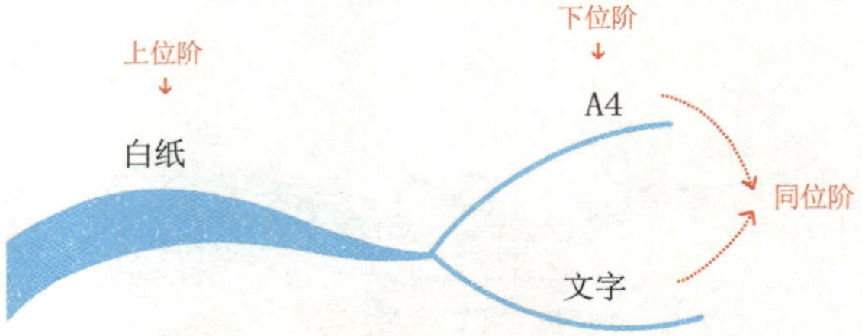

■ 解析“白纸”引发的联想

在做联想开花时，可以从以下三个方面展开联想：

（1）具象联想

所谓具象，是指一看就知道，非常形象，能马上联想到你的经验、记忆的客观形象。比如，机器猫就是一个具象的信息，由机器猫会想到什么呢？

■ “机器猫”引发的具象联想

（2）抽象联想

所谓抽象，是对客观现实进行间接的、概括的反映的过程。比如，由幸福你能想到什么？以下是我由幸福做的联想开花。你也可以给自己一分钟时间，把联想到的信息都罗列出来。

■ “幸福”引发的抽象联想

（3）问题解决式的联想

有一句话是这样说的，“人活着就是为了解决一个又一个问题”。

每个人都会遇到很多问题，我们也在不断解决问题的过程中让生命得到历练，让自己的人生更加充实、丰富。问题从哪里来？问题源于目标和现实之间存在的差距。比如，今天的工作内容很多，我希望能够高效地完成，然而实际情况是今天的工作效率很低，原本该完成的重要事情根本没完成。遇到这种情况，我们是任由其发生，还是通过改变思维方式找到问题解决的方法？

当我们觉察到工作效率很低的时候，可以尝试用一个很简单的办法来帮助思考与解决。

我们可以拿出一张空白的A4纸（建议纸张横放）和笔，在中心位置写上“如何提升工作效率？”这样几个字。注意，在进行问题解决式的联想时，针对某一问题，我们可以使用正向语言或文字来转化思考。比如原来是“工作效率低”，通过正向转化改为“如何提升工作效率”，接下来围绕“如何提升工作效率？”往外思考所有可能想到的解决方法，并一一写下来。将想到的每一条信息都写在延伸的线条上，在思考的过程中，鼓励自己产生足够多的想法，进行多角度思考，不评判好与坏、是与否、对与错，只是记录。

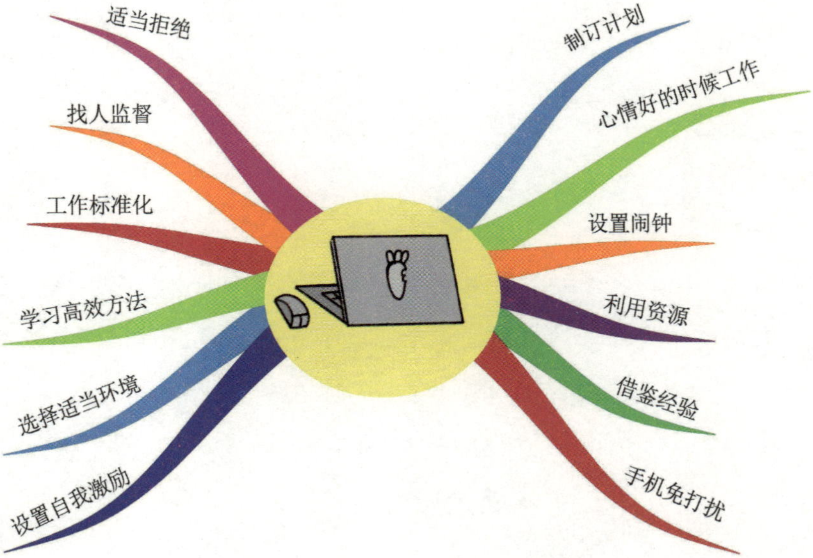

■ 主题：如何提高工作效率

关键之处是不让自己局限在一种可能性上，如果只有一种可能性，很容易让人陷入“只能这样了”的状态中。遇到问题，我们可以试着想出3~6种解决的可能方案，通过问题解决式的联想，帮助加快思考的速度。

问题的解决方案一旦被书面化，你会发现，解决问题的方案不止一种，你有很多种选择，可以在其中一两种方案中选择适合的。比如，我在工作效率低的时候，会选择“自我激励”这个方案，完成目标时就会给自己一个小小的奖励。每往前走一步，就实现对自己奖励的承诺。

问题解决式的联想开花，最大的好处是避免陷入“只能这样”的窘境，给自己多种可能的选择，在不同的方案中选择一种最适合的解决方式。

小练习

在生活中，我们经常会遇到这样的问题，比如幸福感很低，想要增加阅读量却发现没有时间，等等。我们先来针对这两个问题做联想开花。

1.如何提升幸福感？2.如何增加阅读时间？

■ 主题：如何提升幸福感？

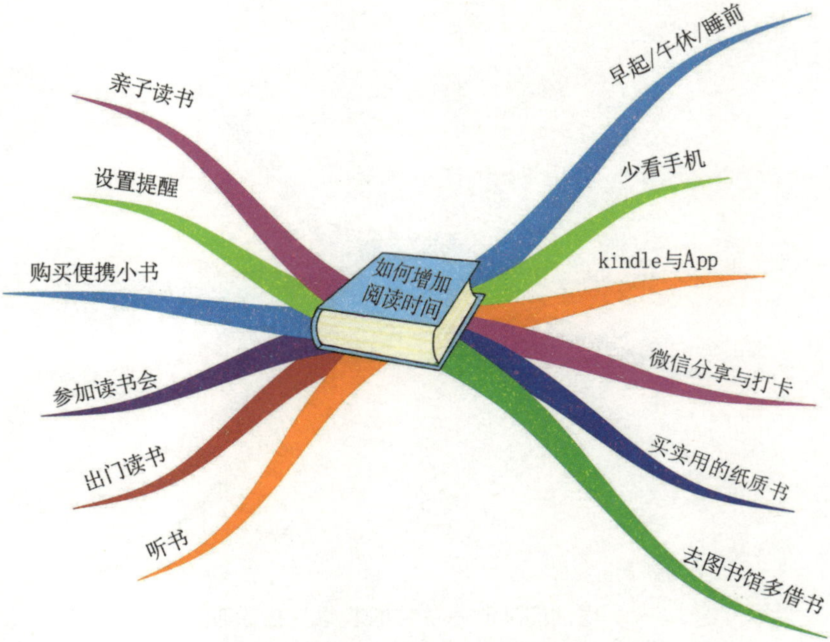

■ 主题：如何增加阅读时间?

你也可以尝试用这两个主题做联想开花，并在线条上记录下自己的思考。

■ 幸福感主题的联想开花练习

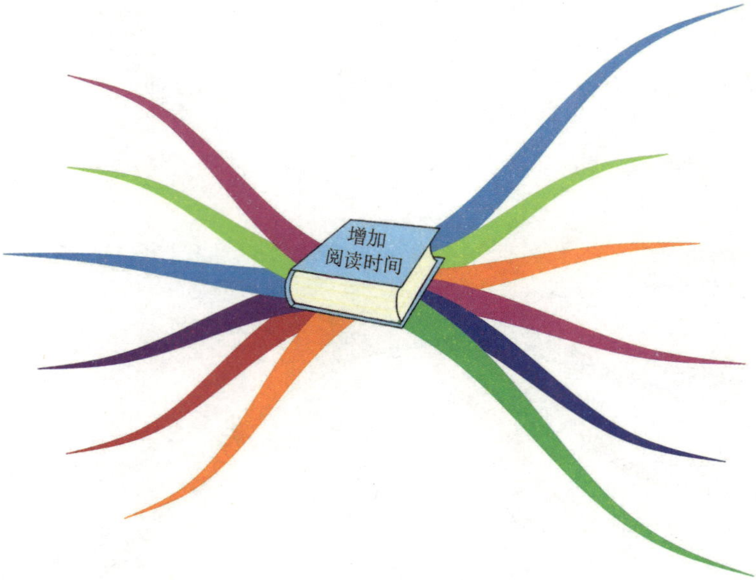

■ 增加阅读时间主题的联想开花练习

联想开花的过程也是发散性思考的过程，这种发散性思考其实是大脑的天然思考方式。当我说"苹果"的时候，你想到了哪些？它是不是有颜色、气味、形状？当我们在记忆中储存了关于它的记忆片段，再遇到和它相关的信息时，我们的大脑就容易形成放射性思维，而这个过程是一瞬间完成的。我们大脑的思考方式天生具有发散性、放射性的特点，由一个点向不同方向全方位、多角度地思考。

由于我们每个人储存的知识和经验不同，联想出来的内容也不一样，正因如此，我们在头脑风暴或是解决问题时，才更容易产生不同的解决方案，也更容易有创意性的思考。因为创意思考的重要前提就是想法足够多，从而在量中取质。

在工作或生活、学习中，我们经常会接到各种任务。有人应对自如，有人手忙脚乱、丢三落四，特别是在工作中，由于思考不缜密，出现拆东墙补西墙的现象。在年终考评时，甚至有可能因为平时思考不全面而被认为工作能力不足。

案例

假设你在公司里工作了一年，现在有一个机会可以参与到公司的一个重要项目上来，这时候公司的资深项目经理打电话对你说，她希望你负责该项目宣传用的材料印刷。

接到电话的你，应当怎么回复她呢？

（此处建议你先思考几秒钟）

你是不是在想，这是一个很好的学习机会，并且是和公司资深的项目经理一起参与到重要项目上？你一定很开心，因为这样的机会对于入职一年的你来说，实在太难得，于是你马上答应了对方。

假设你真的是这么想的，那我们一起准备这件事情吧。

首先是材料印刷，你发现自己不知道这个项目要印刷的材料内容是什么。于是你拿起电话问项目经理确认了材料，而对方此时也亲切地接听，并善意地提醒你，公司对这个项目很重视，希望印刷出来的材料质量好一些。你赶紧回复没有问题，交给你就可以了。

材料内容确定了，你开始准备，又突然想起来，这次要印刷多少份呢？印刷得好一些，那公司给的预算是多少呀？你需要根据预算及数量再找合适的供应商。于是你又拿起电话问了项目经理……

打完电话，你又想起来，公司已经有合作较好的供应商， 是不是可以先洽谈呢？印刷的材料交付日期是什么时候呢？

（再打一个电话给项目经理？想想还是算了……）

通过给公司印刷材料这件事，你是不是发现原来自己有这么多内容忘记确认？如果能够在第一时间就跟对方确认清楚，这样不仅可以减少反复确认的时间，提高工作效率，同时也可以给合作方留下“思维缜密、考虑周全”的良好印象。

怎样才能在第一时间就考虑周全？除了在工作中积累工作经验，提取流程框架外，还可以借助一些经典的思考框架帮助避免思考中的漏洞。比如高效会议中常用的六顶思考帽，自我分析中的SWOT、SWOCE分析法，质量管理方法的PDCA，等等。

在刚刚的案例中，你可以使用5W3H，又称“八何分析法”，在电话中运用这个框架一次性沟通清楚关键信息。

- 这个项目为什么要你参与？（why）
- 印刷材料的内容是什么？在这件事上，公司之前有相关资源可以参考吗？（what）
- 希望什么时候交货？（when）
- 关于印刷的材料，确认了样品之后是否可以让供应商直接快递到使用的场地？（where）
- 参与到这个项目上的人还有哪些？样品需要给哪些人确认？（who）
- 印刷产品的渠道是否可以选择公司现有供应商以外的资源？（how）
- 要印刷多少数量？（how many）
- 印刷结果预测？（how feel）

每一个联想开花的角度被打开后，又可以以新的角度为中心，再次做联想开花。比如，5W3H联想开花之一是where，又可以以where为主题，再次做联想开花，想到了地址和渠道。

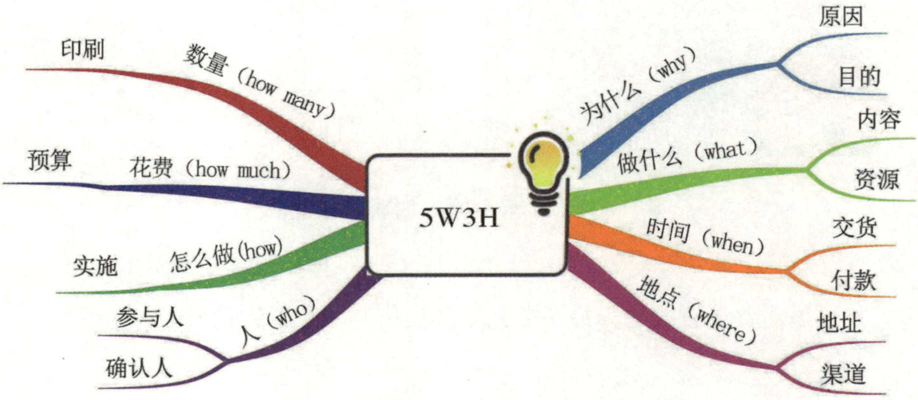

■ 在思维导图中引入5W3H分析法

联想接龙（brain flow）：垂直思考，深度思考

思维导图创始人东尼·博赞先生认为大脑单一路径的思考模式很像水的流动，所以给它命名为“brain flow”。而后台湾孙易新老师发现它与团康活动中的“联想接龙”非常类似，便在《多元知识管理系统：思维导图法基础篇》中使用“联想接龙”一词。

联想接龙是指以一个词为起点，快速地联想到下一个词，每一个词都和上一个相关联。这种方式通过思考脉络的层层深入，帮助增进思考的深度，可以用来推演、分析问题以及增强记忆力。

下面以家为例，我来做一个联想接龙的示例：由家想到“舒适”，由“舒适”想到“阳光”，由“阳光”想到“大树”，由“大树”想到“生命”，由“生命”想到“死亡”，由“死亡”想到“天堂”，由“天堂”想到“菩萨”，由“菩萨”想到“普陀山”……这个过程可以无限延伸下去。

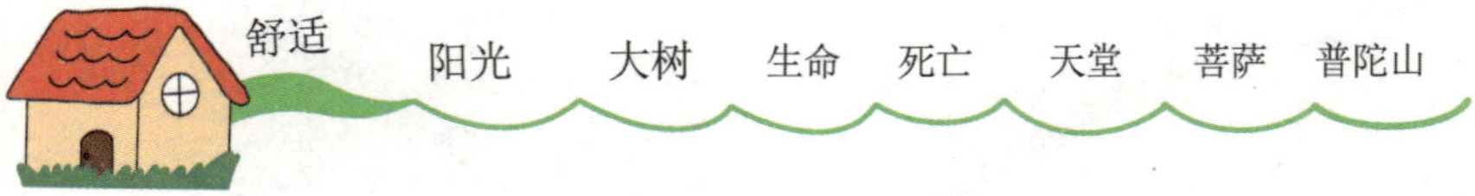

■ 关于“家主题”的联想接龙

这里需要注意的是，每一个想法都是从上一个想法联想出来的哦！

在这里，每一个想法，都有它的由来。思考的路径很多源于生活的经验或者我们的知识库，每一个想法被接上去以后，我们都可以说出前后两个词语的关联。但是，由于我们每个人的成长背景不同，学习及吸收的知识内容不同，所以对于同样的内容，每个人联想到的内容也会有不同。

这里有个有趣的实验，你可以自己尝试以“家”为思考的起点，进行一分钟的联想接龙。

■ 关于“家主题”联想接龙练习

当你在一分钟之内完成联想接龙时，请尝试以最后一个词为起点，开始回忆，看看能不能往前倒推。通常情况下，你会惊讶地发现，在这个过程中，几乎能倒背如流。这是因为每个想法中间都有一定的关联性，就像钩子一样，把记忆信息点串在一起，最终这些信息形成了一条锁链一起被带出。这种关系可以帮助我们更好地了解信息的由来和信息之间的关联。

在问题的分析与解决中，联想接龙可以帮助我们透过问题的表面现象层层挖掘到本质，从根源上找到产生问题的原因。联想接龙可以使用5W法，也就是通过连续追问5W的方法帮助分析问题，解决问题。

案例

杰斐逊纪念堂是一座高29米的白色大理石建筑，为纪念美国第三任总统而建。在美国，它是极为著名的旅游景点。该纪念堂曾经遇到一个重大问题，它的白色大理石墙体发生了严重脱落，严重影响整座建筑物的安全，更不用提对建筑物美观方面的影响了。针对这一重大问题，美国政府曾斥巨资试图解决，却未能奏效，后来请专家对这一问题进行研究，才找到问题的答案。

专家们经过初步研究给出结论，清洁剂对墙体是有害的，清洁大理石墙体的频率与大理石墙体脱落的程度呈正相关，清洁大理石墙体的频率越高，脱落的程度也就越严重，因此，专家们建议，减少对大理石墙体的清洁次数，确保建筑物的安全。但这个解决方案并不理想，因为当减少或停止对大理石墙体的清洁时，白色大理石就会变得非常脏，严重影响杰斐逊纪念堂的美观。

专家们继续研究，为什么需要频频清洗墙体？答案是因为建筑物顶部经常积满了鸟粪。但是，为什么同处于华盛顿广场的林肯纪念馆没有鸟粪，偏偏杰斐逊纪念堂有？答案是杰斐逊纪念堂顶部有大量的蜘蛛，它们吸引了大量的燕子前来觅食、筑巢，从而留下了鸟粪。为什么会有大量的蜘蛛呢？原来是因为建筑物顶部有非常多的小虫子，这些小虫子恰恰是蜘蛛最喜欢的食物。为什么会有如此多的小虫子爬到纪念堂顶部？原来是因为纪念堂顶部经常开着一些窗子，阳光容易从窗口射入，这些小虫子不仅喜欢灰垢，还十分喜欢阳光，因此它们集聚在一起，并在阳光下急速繁殖，形成厚厚的虫子堆。此时，专家们已能给出有效的解决方案：把顶层的窗户关上。这个故事表明，找到导致问题出现的根本原因才是有效解决问题的关键。能够有效解决问题，正是管理工作中需要重点关注的内容。

我们也可以通过联想接龙的方式，把这个案例中思考的过程可视化，一步步引导思考。

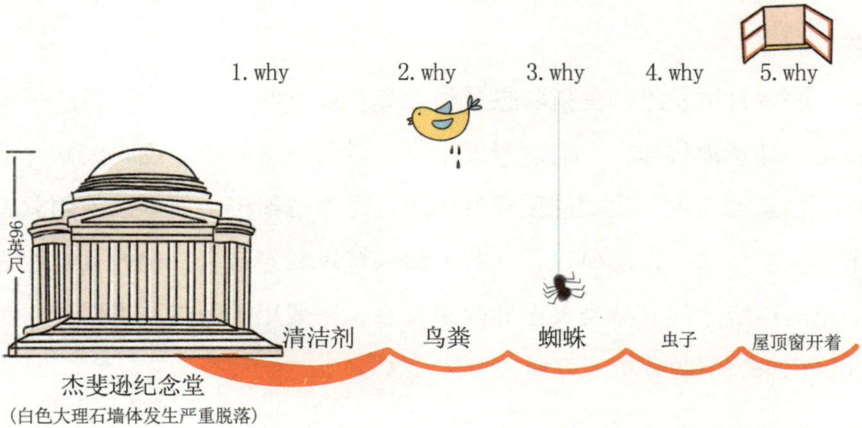

■ 由杰斐逊纪念堂引发的联想接龙

通过上图，我们可以进行如下推论：杰斐逊纪念堂为什么墙体严重脱落？因为使用了腐蚀性强的清洁剂。为什么要用腐蚀性很强的清洁剂？因为要去除纪念堂墙体上的鸟粪。为什么有这么多鸟粪？因为这里聚集了很多的蜘蛛，而鸟过来吃蜘蛛。为什么有这么多蜘蛛？因为建筑物顶部有很多小虫子，虫子吸引来了蜘蛛。为什么会有这么多虫子？因为虫子喜光，且在屋顶窗户的阳光下繁殖。

问到这里，我们发现，关掉顶层的窗户，就可以从根本上解决杰斐逊纪念堂大理石墙体脱落的问题。

5W分析法是精益管理中分析复杂问题的常用办法，通过不断地问为什么，找到问题的根本原因，建立解决问题的信心并达成共识，使问题得以最终解决。

无论是联想开花还是联想接龙，都有两种属性：自由联想和逻辑联想。

所谓自由联想，是指联想过程没有特定目的，每一个新想法都很自由、随意地根据上一概念激发出来。自由联想属于非逻辑关系，常见于创意思考中，比如应用在打破原有思考框架产生新想法的创意思考、头脑风暴、产品研发设计等方面。逻辑联想带有一定的目的性，信息的层级之间有分类关系和因果关系，一般用于归纳、工作计划、会议记录、问题分析等方面。

自由联想

顾名思义，自由联想是自由的、依靠直觉的。以“幸福”为主题的自由联想为例，说到幸福，我会想到甜食、家、彩色、健身、思维导图，这是以“幸福”为主题自由联想式的联想开花。过程就是想到什么，就把想到的关键词写在线条上，不判断，不评价，完全依赖直觉。

以下是以“幸福”为主题的自由联想式的联想开花：

■ 以幸福为主题进行联想开花

你也可以尝试着以“幸福”为主题展开自由联想式的联想接龙：

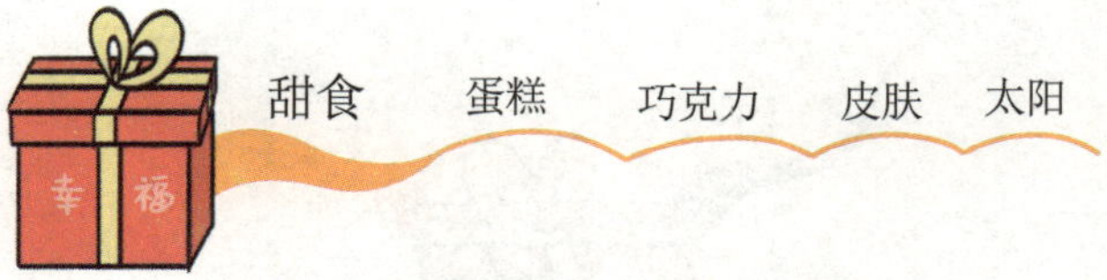

以幸福为主题进行联想接龙

自由联想，往往是直觉的、自在的，不必为意识牵连。自由联想也是奥地利心理学家西格蒙德·弗洛伊德进行精神分析的主要方法之一。我也曾用过自由联想的方式和一位心理咨询师对话，说来还是一件有趣的事：

我认识的一位心理咨询师问我：“苏娟，我很好奇，思维导图这个工具你怎么能讲三天的课程？这个工具帮助你解决了哪些问题？”简单描述了一下之后，我灵机一动，对心理咨询师说：“思维导图其实也可以帮助你做内在的探索，要不我们花两分钟时间，我问你答，来做一张自我探索的思维导图，试试看能不能帮助你找到对你而言‘幸福’到底是什么？”

征得她同意后，我拿出一张空白纸，以“幸福”为中心，开始记录这位心理学老师用“幸福”展开的自由联想，画出来的思维导图是这样的：

■ 以幸福为主题的思维导图

我把她关于“幸福”的自由联想内容做成思维导图，拿给她看，问她：“如果从这些内容中选择三个关键词来代表你心目中的幸福，是不是‘自在、稳和安全’呢？”作为心理学老师的她连连点头。

我是怎么看出来的呢？据观察，“自在”出现了两次，和自在相近的词语“自由”出现了一次，所以“自在”对她其实很重要。另外“自在”后面——当她探索延伸到“安全”的地方——就没有再接信息，这是她底层的需求，和“安全”相近的“无恐惧”也出现了一次，说明“安全”对她非常重要。

作为读者的你，也可以尝试着以“幸福”为中心，做一次内在探索呀！

著名的心理学家荣格说：向内看的人终将觉醒。用思维导图做自由联想，自由、自在、一步步地往下延伸思考，就像是和自己的内在联结。做深度思考的过程，又何尝不是一次向内探索的过程呢？

逻辑联想

同样以“幸福”为例，如果我的目的是思考“如何幸福”这个话题，就带有了目的性，此时就需要思考，从哪些方面去做才可以达到。比如可以从这五个方面进行思考：健康、社交、技能、财富和家庭。当然，每个人对幸福的理解不同，可以有自己的定义。逻辑联想的特点是思考并不是随意的，而是非常缜密的，并有自己的判断。

以幸福为主题的逻辑联想

接下来，我们可以看一下由“幸福”展开逻辑联想的联想接龙：

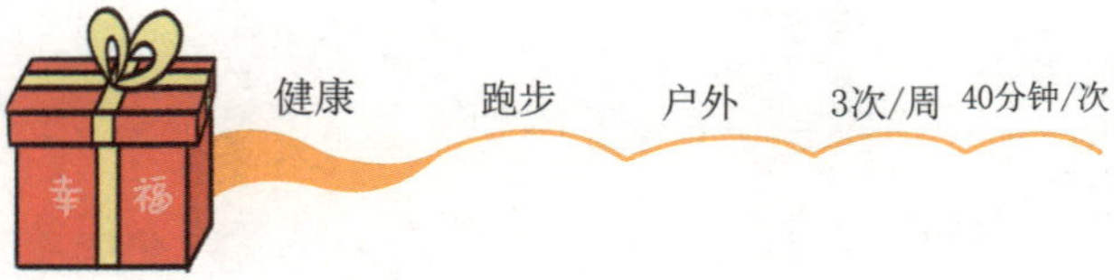

以幸福为主题的联想接龙

联想开花和联想接龙的自由联想与逻辑联想练习，是学习思维导图的基本功，在练习的过程中能够帮助我们不断地打开思路，锻炼大脑。自由联想是天马行空的联结，不去考虑目的和对与错。而逻辑联想要求发散出来的信息有逻辑性，无论发散出多少个层级信息，都能和主题相关联；层级无论发散出去多少，都能环环相扣，回到中心主题上。

比如，同样是一周的计划，“自由联想”周计划和“逻辑联想”周计划的表现形式就大不相同：

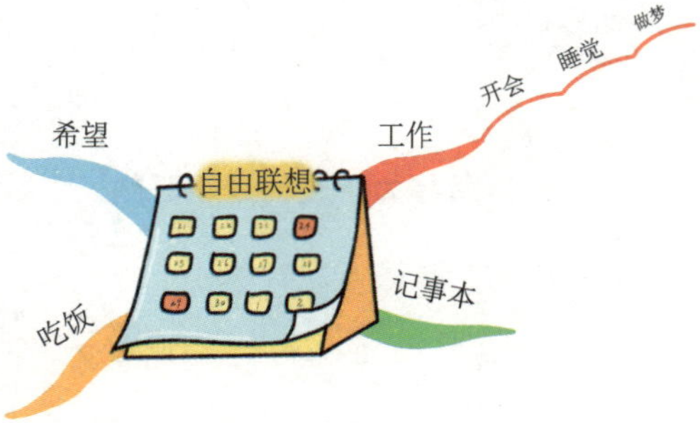

“自由联想”周计划

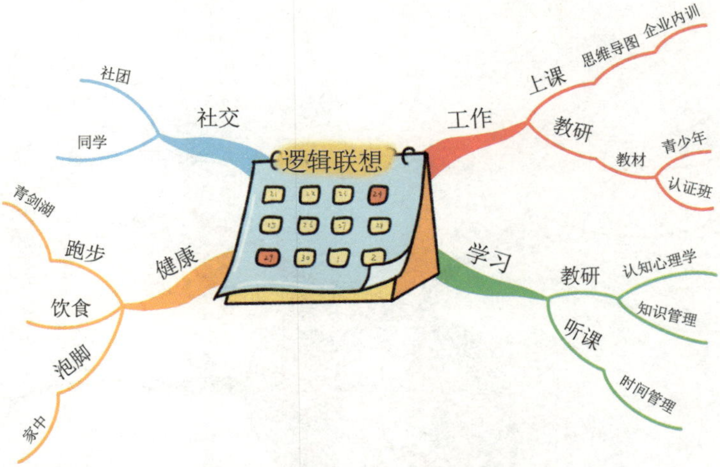

■ “逻辑联想”周计划

自由联想主要用于创意思考，而逻辑联想主要用于做计划、问题分析与解决。在工作场景中，用得比较多的是逻辑联想，逻辑联想按其位阶的上下关系，一般有分类关系和因果关系两种。

（1）分类关系

越往上的位阶，重要程度越高，或表示分类的范围由小到大。比如离中心图最近的主干往往代表的是分类中的大类或重要程度最高，次位阶是中类或次重要，以此类推，最后的一个阶层往往是具体的事物名称或描述。

举个例子：在赵玉联做的这张烧烤清单的思维导图中，大类分别是肉类、蔬果、调味料、零食、酒水、工具，其中，肉类的下位阶也就是肉类后面紧接着的这个位阶有水产和禽畜，由水产类又想到鱼肉和贝壳类。每一位阶按照分类的大、中、小逐级展开。

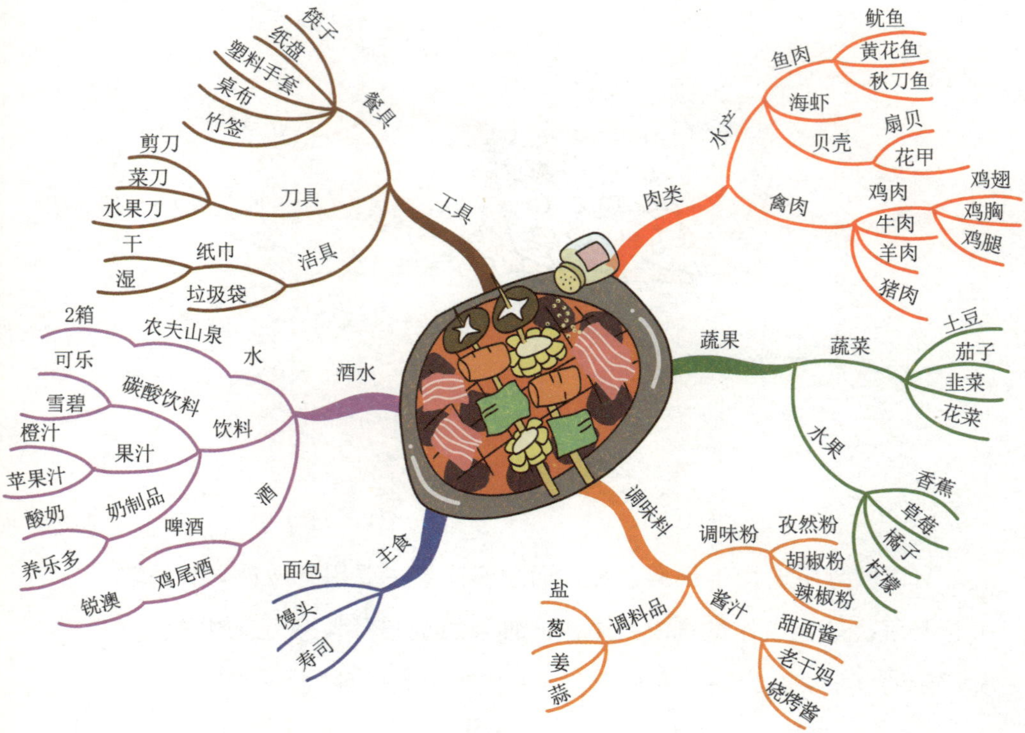

■ 烧烤清单的思维导图

很多人在学习思维导图后常常在分类上无从下手，这里给大家介绍一些分类的方向做参考：

- 类别：按照事物之间的关系或属性分类
- 内容：以事物特性或功能分类
- 本质：以5W2H分类
- 书本：以主题、章节分类
- 历史：以发生时序分类
- 流程：以事物进展分类

- 人物：以人物角色分类
- 结构：部分与整体

值得注意的是，在使用思维导图做分层分类时，如果能在思考的过程中加入“位阶”的概念，可以让想法更周全，从而弥补思考过程中的不足。

比如，有一次我去健身房健身，看到教练正愁眉苦脸，原来他们近期业务扩张，需要更多优秀教练加入。那天他去了市区人才市场做现场招聘，但由于时间短，没有招满需要招的人。教练跟我说，他对招聘市场不熟悉，问我除了去市区人才市场招聘之外，还有没有其他方法可以帮助到他招到更多的人。

我们可以尝试使用“位阶”技术，首先，提炼出原话中的重点：

接着，我们可以在“教练”“招聘”后面增加一个位阶：

当这个位阶新增出来以后，就可以试着去填空，此处衔接上一个类别的话会是什么？市区人才市场属于招聘的什么？你可能想到是区域，也可能想到是招聘方式，属于线下现场招聘。这里选择一个，假设填上去的是“线下”。

这时候，通过思维导图一线一词就能够打开思维的活口，每一个关键词都是下一个思考的起点，由线下进而想到还有线上，于是可以在招聘的后面补充上“线上”。

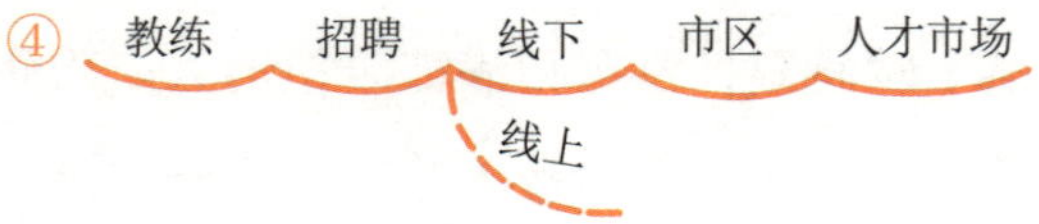

再由线下联想，除了市区外，还可以增加园区、新区，由线上可以想到网络招聘的渠道：O-HR、51job、智联招聘等。

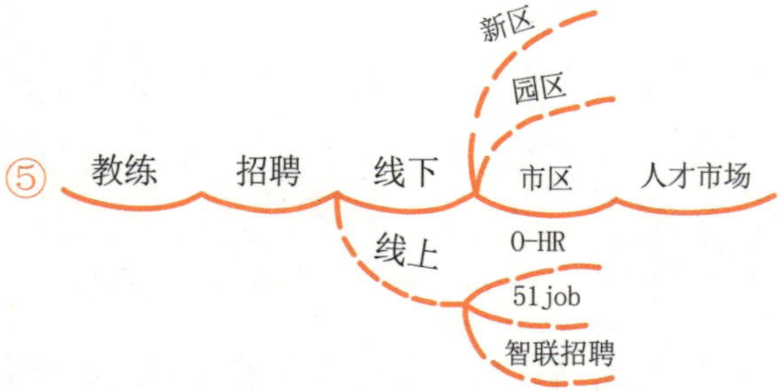

这样一来，思路就完全被打开了。至于最后选择哪家，可以再依据各家特色及需求进一步判断。

（2）因果关系

因果关系常用于问题分析与解决中。在问题分析时，最上位阶代表问题的本质或特征，往下各个位阶是造成该问题的原因，可以借助联想开花和联想接龙更广、更深地探究本质或影响。当问题解决的时候，最上位阶代表造成问题的原因或因素，下一位阶是各种可能的解决方案，再往下一个位阶则是该方案的具体做法。

正确阅读思维导图的方法

拿到一张思维导图后，很多人说会被内容吸引，因为它和传统的白纸黑字一行行呈现的方式不一样。大多数人首先会被思维导图的中心图吸引，然后开始循着脉络查找具体内容。在正确阅读思维导图之前，我们先以一篇文章笔记样式为例，来了解一下思维导图和传统的笔记有什么不同。

下图是传统的线性笔记，这样的笔记方向是从左到右，在记录的时候，一行没写完不转行，一页记完后再转向下一页。

大脑左右脑的思维方式有什么不同呢？其实，人类认识大脑的时间并不长，直到1981年，罗杰·斯佩里凭借他对左右脑分工理论的证明获得了诺贝尔奖，我们才对大脑有了较为完整的认识。根据斯佩里的理论，大脑有两个不同的半球，大脑的左右半球各自具有截然不同的思维处理方式，左脑善于分析，而右脑善于创造。

具体来说，左脑主要负责分析、时间、语言和理性思维。左脑思维被称为“聚光”思维。平衡收支、记忆日期或者设定目标时，人们依赖的是左脑。右脑负责整体的、想象的、非语言的和艺术的等方面。右脑思维被称为“泛光”思维，每当人们回忆一个人的长相、沉浸于交响乐或者单纯地白日做梦时，使用的是右脑功能。

大部分西方思维概念来自希腊逻辑学，它是一种线性逻辑系统。在西方教育体系中，左脑训练最受鼓励，而右脑的训练在学校中不常被鼓励这一点令许多人深感失望。

大脑的左右半球思维处理方式存在差异，左脑善于分析，右脑善于创造。

左脑主要负责分析、时间、语言和理性思维。右脑负责整体的、想象的、非语言的和艺术的等方面。

西方教育体系中重视左脑开发，忽视右脑开发。

■ 传统线性笔记

思维导图笔记是围绕中心主题向四周呈放射状的结构，都使用关键词，每个节点之间相互连接，同时层次分明。

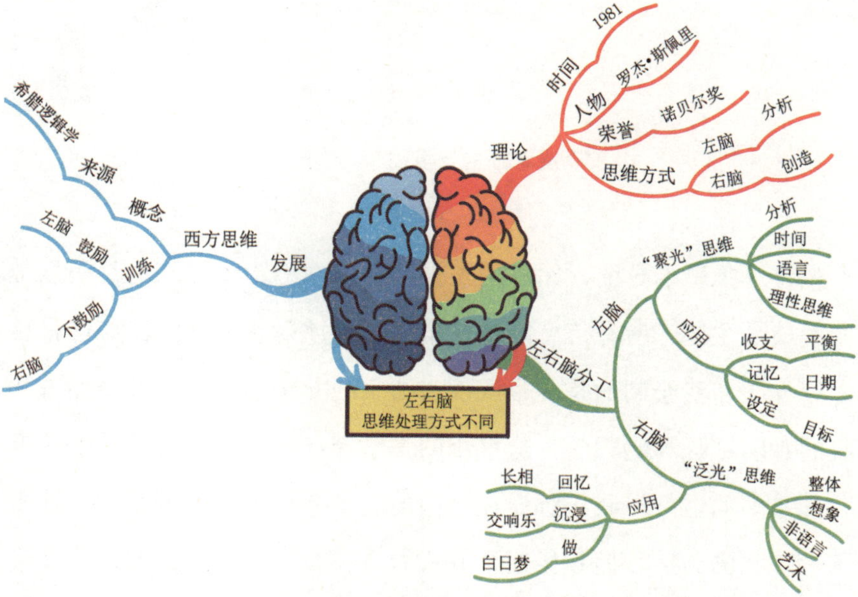

■ 思维导图笔记

了解了思维导图和传统笔记的不同后，如何正确阅读一张思维导图呢？

阅读一张思维导图，可以先找到这三个内容：中心主题、主干、支干，接下来我以苏娟老师的一张自我介绍思维导图为例。

■ 陈苏娟老师的自我介绍思维导图

观看一张思维导图，你一定先被醒目的中心图吸引，也就是思维导图的核心主题，所有信息围绕这个主题呈放射状展开。比如这张自我介绍导图，我绘制的是一张沉浸在书中的女子的图片，大家能关联上我的姓名“陈苏娟”吗？这里用的是谐音和意义法：娟是女子的意思，苏是书的谐音。我用沉浸在书中的女子来代表“陈苏娟”，很多人记不住我的名字，但我用这个方式做自我介绍时，大家就很容易记住我。

■ 步骤一：绘制中心图

看完中心主题以后找主干，主干代表着整张思维导图内容的大方向，它和中心主题紧密相连，从中心主题往外延伸出来，同时线条的特点一般来说是由粗到细呈现的。苏娟老师的这张自我介绍有三个主干，也就是说这张自我介绍的思维导图主要讲了三个方面，分别是：工作（图形用笔记本代表）、居住（图形用百度地图图标代表）和爱好（图形用红色的心代表）。

■ 步骤二：绘制主干

找到主干后，接着再看每个主干后面接的线条上呈现的信息。主干后的线条在思维导图中也被称为支干，主干代表着一个大类，支干就是对主干内容的进一步说明。比如：工作后面接的是培训思维导图和写作，居住（地）接的是出生在连云港，结婚后生活在苏州，爱好则是喜欢看书、吃甜食。

■ 步骤三：绘制支干线条和插画

总结

看思维导图的三大步骤

1.找中心主题；

2.找主干；

3.看支干。

我们读图的顺序和绘制思维导图的顺序是一致的，都是先从中心主题位置开始。阅读思维导图的顺序是找到中心主题，确认和理解要表达的核心内容，找主干一般从右上角一点钟方向开始，按顺时针方向阅读。

■ 阅读思维导图的步骤

思维导图的三种类型

思维导图在内容呈现上一般有三种形式

1.全图版；

2.全文字版；

3.图文版。

三种形式各有各的优势和特点，下面我们一起来了解一下吧！

1.全图版

全图版思维导图

特点：由图和线条组成的思维导图。

优点：（1）画面呈现活泼、有吸引力，彩色图像配合线条引导的内容，最能吸引观者的注意力。全图版更有利于记忆。

（2）吸睛指数很高，在演讲或授课等公开场合更容易与他人产生互动。

缺点：在没人主导解说的情况下，现场氛围会比较杂乱、无序。

应用：（1）自我介绍、绘制赠送卡片和上台报告等事项上。

（2）演讲中的展示等。

2.全文字版

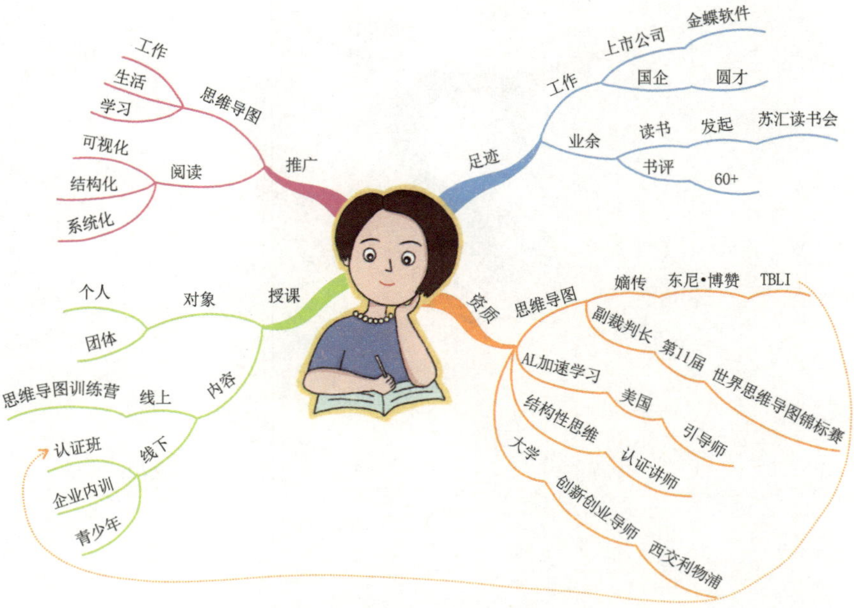

■ 全文字版思维导图

特点：由文字和线条组成的思维导图。

优点：（1）内容清楚，让人一目了然。

（2）节省时间，提高效率。

应用：（1）书面报告、字条等。

（2）会议记录、课程随堂笔记等。

3.图文版

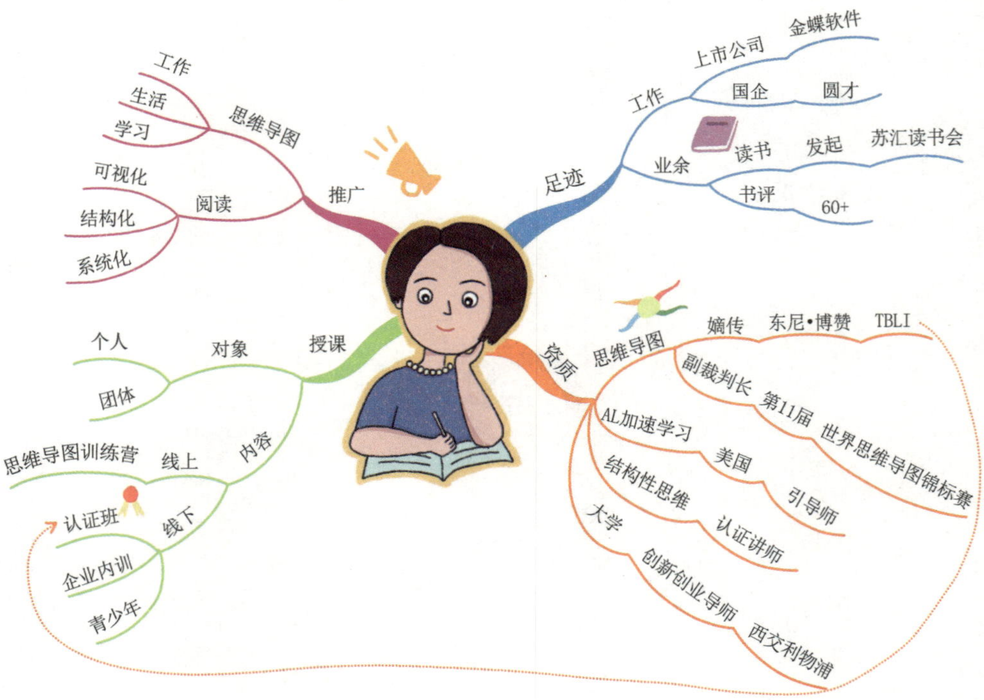

■ 图文版思维导图

特点：由图、文字和线条组成的思维导图。

优点：（1）内容表达很清楚，只在重点处使用插图，是最常见也最实用的一种思维导图。

（2）运用了左半脑的逻辑思维和右半脑的形象思维，有图有文，直观明了。

缺点：初学者常犯的错误，就是把图加在自己会画的关键词旁边，而不是在最重要的地方。这个最重要的地方往往是一张思维导图的结构绘制完成，再进一步思考而得出的真正重要的或是需要加强记忆、理解的地方。只有这些地方才需要加入小插图。

开始绘制思维导图

从选择适合的纸和笔开始

选择合适的纸张

绘制思维导图时，通常对纸张有三个要求：

1.建议使用纯白色的纸

思维导图的核心是通过联想和想象展开放射性思考，能否自由自在地把脑中所想的舒展开并绘制出来尤为重要。有颜色的纸张会产生一定的视觉干扰。此外，纸张上最好没有线条纹路。市面上的纸张很多是有横线和格子的，这样的纸张不建议在思维导图中使用。

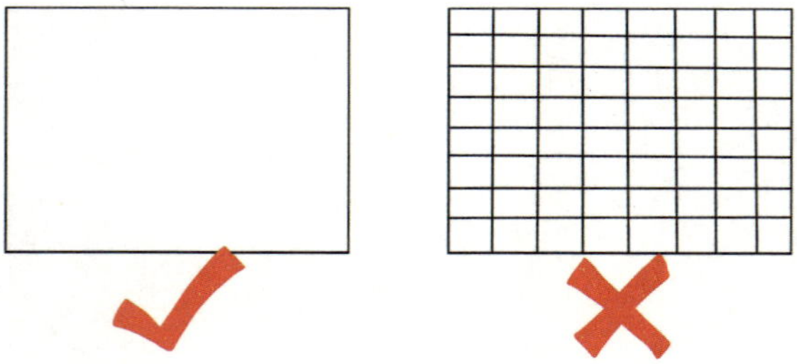

■ 使用纯白色且不带纹路的纸张

2.关于纸张朝向，要求横向水平放置

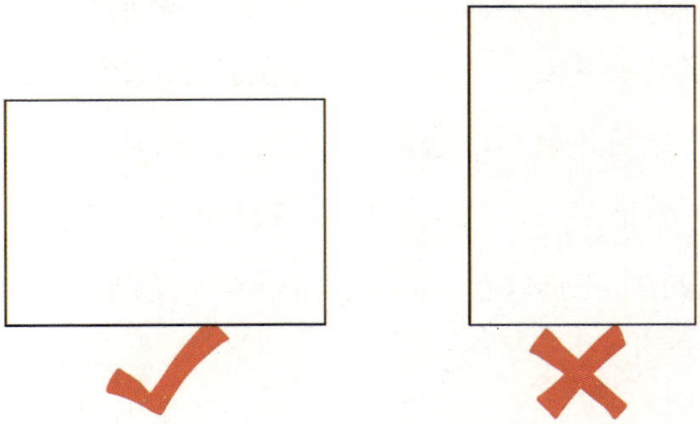

■ 纸张横放

在课堂上，我会请大家起立做一个左右胳膊伸展的练习。学员们站立起来，眼睛平视，胳膊左右伸展开，保持在一条水平线上，此时，我会要求他们用眼睛余光看一下能否看到最左边和最右边，通常大家的反馈是都可以看到。这时，我让他们再换一个动作，同样是站立起来，眼睛平视，不同的是胳膊上下拉伸，与地面垂直，通常这种情况下我们是看不见最上面和最下面的。

这个小小的游戏说明，当左右延伸处于水平线时，我们的视线范围能实现最大化。现实生活中也是如此，我们去电影院看电影，屏幕也是宽屏的，比较常见的比例是16∶9。而思维导图由于是放射状的图形工具，当纸张横放呈水平状的时候，最有利于我们打开视野，也最有利于思维的发散和延展。

3.在纸张大小的选择上，建议初学者从A4大小开始练习，积累到一定量，需要整理或发散的内容比较多的时候，可以使用A3纸张来呈现。

初学者会担心使用A4纸不够表达完整内容，尤其在绘制整理型思维导图时，如阅读一本书，或是整理听课笔记等，常常觉得老师讲的都是重点，都需要记录下来，写着写着一页纸就没有空间了。这时候，不妨先从迷你思维导图开始，以绘制一本书的思维导图为例，刚开始可以是一个段落、一个章节，之后再根据章节整合成一本书的思维导图。相对于整本书的思维导图来说，段落思维导图、章节思维导图可以称为“迷你思维导图”。

选择合适的笔

1.双头记号笔

粗细双头的记号笔是我比较推荐的。我曾经在买笔上投入了很多时间和金钱，每次看到别人画出美美的思维导图，就会想知道用的是什么笔，仿佛用的笔好就能绘制出不错的思维导图来。后来经过不断的实践应用，我发现在笔的选择上并没有特别多的要求，只要下笔流畅、顺手就可以。

之所以推荐这种笔，是因为它有粗细两头，粗头可以用来绘制简单的中心图以及主干，细头可以用来绘制支干和填写关键词。

2.多色笔

一套彩笔通常有12色、24色和36色可选，在绘制思维导图过程中，颜色的作用主要是分类和传递情感。根据哈佛大学米勒教授提出的“魔力之七”的原则（短时记忆的容量有限，一般为7±2），建议思维导图的主干尽量在7个以内。根据这一点，绘制思维导图常备的颜色有黑色、大红、绿色、橙色、蓝色、紫色，以及可用于中心图颜色提亮的黄色。为了外出携带方便，一支多色笔就非常有用。

那么，思维导图作为一种帮助思考的工具，是不是只能在有彩笔的情况下才可以绘制并使用呢？其实工具是用来帮助你，而不是绑住你的，即使你只带了一支黑色笔，依然可以用来绘制思维导图。你可以先用这支黑色笔绘制思维导图的草图，再在条件允许的情况下上色，给大类涂上颜色做区分。但这种做法对于思维导图的初学者来说，并不鼓励使用，只是可以在应急的时候灵活操作。

3.可擦性水笔

可擦性水笔也是绘制思维导图的好帮手。这种笔的好处是可以在绘制出错的情况下，利用另外一头擦掉，非常便利。

另外，随着科技的不断发展，绘制思维导图的手段增加了很多，除了在纸上绘制之外，还可以电子化绘制。市面上比较常用的电子绘制工具推荐iPad Pro，不过在绘制的时候需要配上一支专用笔作为绘制工具，同时搭配辅助软件Procreat使用。

以下是陈玲（凯乐恩思维导图管理师一期班）用iPad绘制的全图版“2018年度计划”思维导图。

■ “2018年度计划”思维导图（陈玲　iPad手绘）

思维导图的绘制规则

前面我们讲到思维导图的优势和应用场景，下面我们将进入实践环节。思维导图有其自身的绘制规则和使用技巧。对于初学者来说，掌握这些规则、技巧是非常必要的。我们在熟练掌握技巧后，未来在应用中可以根据自己的想法再去补充甚至创新。

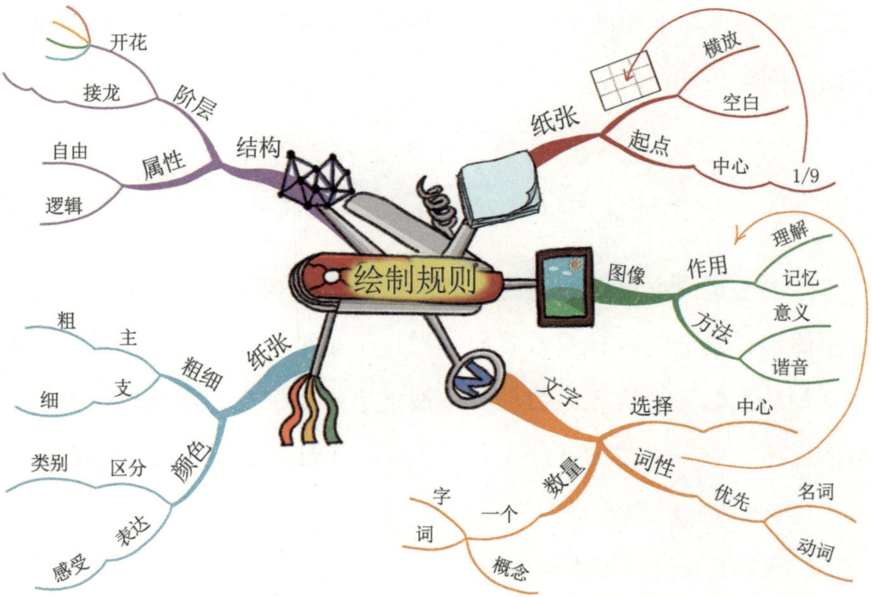

■ 思维导图的绘制规则

关于绘制规则，前面已经讲到了结构的安排，这里就从其他四个方面单独展开：

1.纸张和图像：绘制思维导图需要将纸张横放，找到1/9的位置。思维导图在中心图的地方使用图像，思维导图的三种类型中有一种为图文版，图文版的思维导图中含有小插图，不论是中心图还是小插图，它们的作用都是帮助理解和记忆。文字转成图像的方法有两种：意义和谐音。

2.关键词：思维导图使用的关键词，词性优先选择的是名词，其次是动词，往往是一个字或词对应一个概念。

3.线条：靠近中心图且和中心主题相连接的线条被称为主干，线条的特点是由粗到细，接在主干后面的线条都是支干。

4.颜色：思维导图中运用颜色的目的是区分主干和支干的线条的类别，同时传递情感。

纸张和图像的使用

图像是组成思维导图的元素之一。很多人认为我们的大脑语言是文字语言，真的是这样吗？我们来做一个小游戏体验一下。首先，请你立刻从大脑这个巨大的数据库中搜索出一条信息，需要你搜索的这条信息是一个字，在我写出这个字之前，请先思考以下几个问题：

1.你的大脑能搜索出的是文字还是图像？

2.你花了多少时间才搜索到？

3.它有颜色吗？

4.有没有因为这条信息产生一些联想？

这个字是：猫。

从我很多次的培训经验来看，大部分人回答能搜索到并且在脑子就是猫的样子，这个搜索几乎是瞬间完成的。关于颜色，答案各异。当然，这些都和思考者本身的经历和知识面相关。

■ 关于猫的联想

人类的第一语言是图像语言，一张图能抵得上上千个词汇，使用图像语言能够充分发挥、调动我们的想象力。那么在思维导图中，中心图有哪些使用规则呢？

规则一：中心主题尽量使用图像表示

思维导图从类型上分为全图版、全文版和图文版三种，不管哪种类型，都建议中心主题使用图像表示。中心图使用图像，而小插图、图标可以放在主干、支干等重点、难点的地方。

中心图在思维导图中通常称为中心主题，所有的信息都是围绕中心主题呈放射状展开的。中心图的大小通常为纸张面积的1/9，位于纸张的正中央，对于初学者来说，通常需要折叠一个九宫格来找到中心图的位置。拿A4纸为例，分为三个步骤。

步骤一：纸张横着放置。

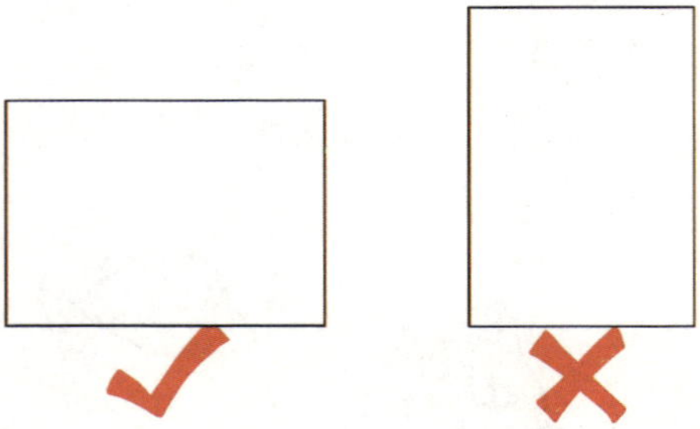

步骤二：折叠一个九宫格。把一张A4大小的纸张横着均匀折叠三下，再竖着折叠三下，打开后，一张有九宫格的纸张就折叠好了。

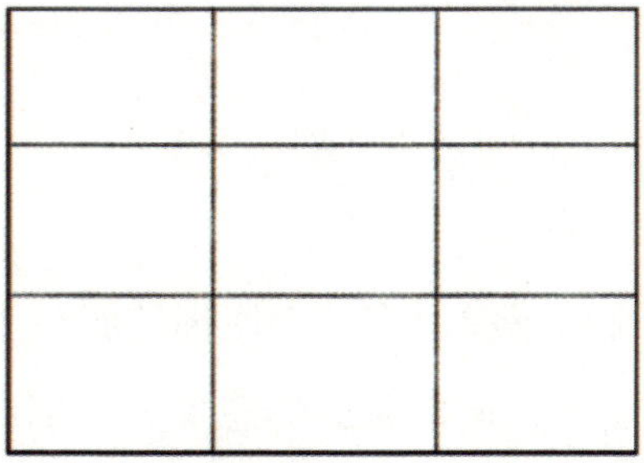

步骤三：找到中心图的位置，位于九宫格正中央。

当然，当思维导图的信息量比较大的时候，中心图可以稍微小一点；当思维导图内容较少时，中心图可以稍微大一些，但不建议超过纸张的1/9。以A4纸为例，中心图一般是不大于信用卡，不小于一元硬币的大小。

■ 中心图绘制的尺寸参照

总结一下，就是在绘制思维导图过程中，先找到中心主题的位置。中心主题尽量使用图像，且位于纸张的中央，约占整张纸的1/9。

规则二：中心图尽量使用三种或三种以上颜色

中心图是整张思维导图的核心主题，为了吸引眼球，刺激大脑，建议中心图的颜色尽量使用三种或三种以上。以蒋菡绘制的关于“思维导图应用”的思维导图为例：

■ 思维导图的应用（蒋菡　绘）

规则三：图像、图标与要表达的内容意涵一致

图像、图标能带动我们的联想力，比如当我们说起上升的时候，常常会想到以下图形：

■ 关于上升的联想

只有当图像、图标与要表达、传递的意思一致时，我们才能更好地理解、正确地记忆，在回忆的时候也能迅速根据图像、图标的内容提取。

规则四：把插图放在整张思维导图中真正重要的地方

初学者容易把插图放在自己会画的关键词旁边，只有当我们理解了为什么要放插图、插图的作用后，才能正确地使用插图。前面我们提到，图像能够帮助大脑产生联想，提升理解力和记忆力，但如果整张思维导图都是插图，就没有办法突出重点内容。虽然有全图版思维导图，但我建议平时使用图文版，在绘制完思维导图的中心图、主干、支干后进一步思考：对我而言，真正重要的是什么？这个真正重要的地方就可以加上插图。

了解了思维导图的绘制规则后，很多人会问：将想法转化成图像有没有方法可以参考呢？

的确，对于职场人来说，很少会用到图像，更多的是用文字、语言来表达。即使我们清楚了图像语言的好处，也很羡慕别人能把复杂的问题用一目了然的图形来表达，自己还是很难画出来。

这里给大家介绍一个口诀，叫作“香鞋子”。“香”，谐音“相”，即找相关、相近、相反。“鞋”，指的是谐音法。“子”，谐音“字”，指增加一个字、减少一个字，或者颠倒字序。

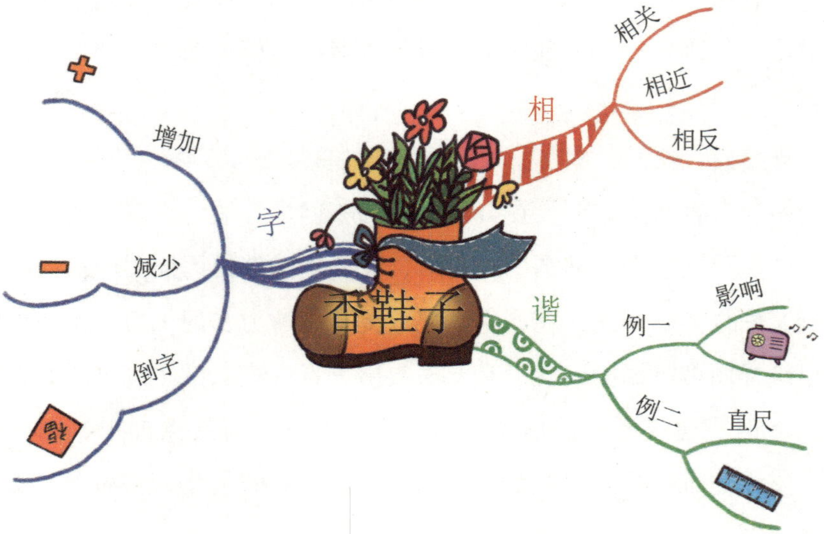

■ “香鞋子”口诀记忆图

比如，由“猫”你能想到哪些？是不是猫粮、狗、老鼠、猫屎咖啡等？这些大脑中自动跳出来的想法，基本都与主题是相关、相近或相反的。猫粮、猫屎咖啡和猫相关；狗和猫都是家庭中常见的宠物，属于相近；而猫狗是一对冤家，是相反的。

我们还可以用谐音的方法，比如，“影响”这个词语很难转换成形象的物品，就可以使用谐音“音响”。同样，“支持”可以转换成“直尺”。

我们也可以通过增加一个字、减少一个字，或者颠倒字序的方法来转化成图像语言。比如信用，可以转化成信用卡；我有一位思维导图学员，名字是李璟，用“颠倒字序+谐音”的方法把名字转化成“锦鲤”，让大家一下子就记住了她。

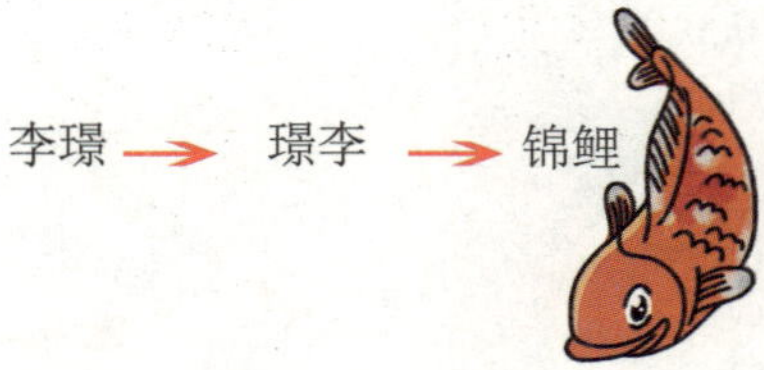

■ 利用颠倒字序和谐音联想

在文字和图像的转换过程中，也可以把这三个结合起来联想。比如“陈苏娟”转化成“沉浸在书中的女子”时，就用了意义和谐音的组合。

还有没有其他的方法可以帮助转换呢？这里提供两个方法、一个心态和一些素材。首先来看一下两个方法：

方法一：遇到具象的内容，比如灯泡、大象等，可以直接出图。不知道怎么下笔的时候，借助百度搜索“关键词+简笔画”。比如搜索“灯泡+简笔画”，搜索出想要的图片，刚开始的时候可能需要模仿，久而久之便会形成自己的图像语言。

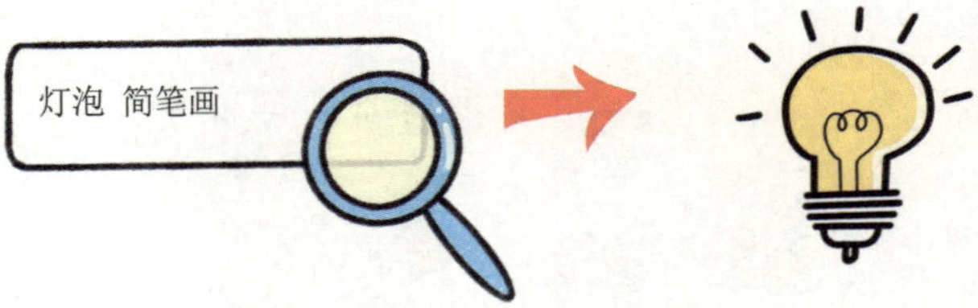

■ 利用图像特征联想

方法二：遇到抽象的信息，比如智慧、记忆、结构等，一时想不起来有哪些画面，可以借助联想开花的方式。比如，由“智慧”会想到哪些？

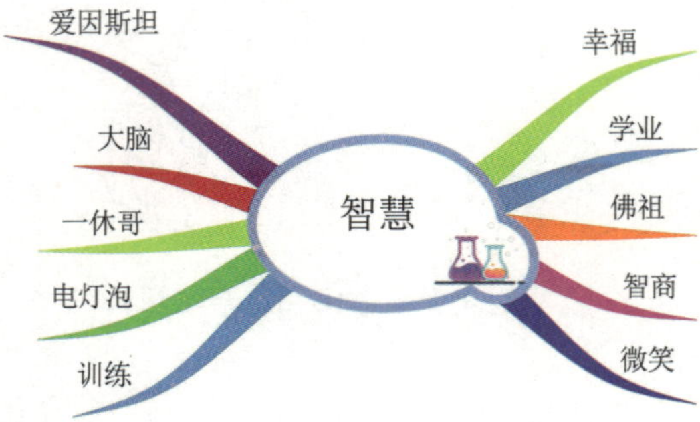

■ 利用联想开花技巧联想

接下来谈谈一个心态，刚开始出图确实很困难，因为我们的想象力受限，成年人特别容易在下笔后评判自己的作品好不好看。这时候建议大家先按照上面的两个方法模仿完成图片绘制，不要追求完美。一个心态指的就是先完成图片绘制，再追求完美。

最后，我们还可以借助现成的素材库。以下为大家准备了20个常见的视觉元素，你可以在每个素材下面写上你认为的代表含义，比如灯泡代表创意、思考等，当下次出现这样的信息需要转换时，就可以形成自己的图像语言了。

■ 20个常见视觉元素

关键词的使用规则

我们知道绘制思维导图要使用关键词，那关键词有哪些使用规则呢？

规则一：尽量使用词，少用短语或句子

当听一场演讲时，我们往往不能记住演讲人所讲的原话，通常是记住了演讲者提到的一些关键词。当回忆演讲内容的时候，我们会根据自己的理解构建关键词之间的关系。当复述时，我们使用的是自己的语言，对关键词进行加工扩展，而不是重复演讲者的原话内容。

所以，使用关键词非常重要，那究竟哪些词语算作关键词呢？让我们来看看规则二。

规则二：关键词的词性优先选择名词，其次是动词

关键词一般是概括性、总结性的词语，或是能勾起你回忆的词。

比如下面这段文字：

> 凯乐恩思维导图俱乐部是一个思维导图爱好者的学习平台，活动内容丰富多彩、与时俱进，深受参与者的喜爱。活动内容包含个人成长中的技能学习和家庭陪伴型的亲子活动。比如技能类学习，包括时间管理、PPT、引导技术等；亲子类活动，则有在层林尽染的深秋组织户外爬山、锻炼身体，加强友谊及交流，还有思维导图亲子课程等。活动频次为每月一次，遇到其他优质的课程，也会单独引进凯乐恩思维导图俱乐部，安排包班学习，帮助大家开阔视野，同时降低学习成本。目的是为大家打造有温度的终身学习的优质社群组织。

摘取出的关键词：平台、技能、亲子、频次、社群组织。

关键词的词性一般以名词为主，动词次之，辅助必要的形容词、副词或量词等。精简关键词有个判断的原则，那就是如果删除这个关键词也不影响对内容的理解，多余词语就可以省略。关于关键词的摘取，往往也和绘制思维导图的人自身的知识、经验相关。

规则三：每条线上只使用一个关键词

思维导图中每一个线条都要使用关键词，关键词能够发散思维，提升大脑自由联想的能力。使用思维导图，从大的方向来说有信息输入和输出。以开会为例，如果是记录会议内容，属于信息输入；如果是策划会议，就是在输出。在学习中，文章笔记的整理型思维导图是输入，写作文构建思维导图则是输出。

一般来说，思维导图的关键词可以是一个字、一个词，也可以是一个最小的概念。建议在输出型思维导图使用的过程中，尽量符合一线一词的原则。因为一线一词在思考不断发散的过程中，更容易让我们产生联想。

为什么这样说呢？我们看一下这个案例[1]就知道了。

最近公司销售部总是有人迟到，于是销售经理就组织大家讨论：迟到的问题要怎么解决？销售经理抛出了话题，请大家来讨论。

也请你思考：针对迟到的问题，你能提供哪几种解决方法呢？

通常会议组织者把这个问题抛出来的时候，得到的答案一般有3~5个。

假设我们现在想到了三个解决方法：1.口头警告；2.扣薪；3.请客

[1] 案例修改自孙易新博士师资培训班讲义《超高效心智图法职场应用》。

喝奶茶。一般3~5个想法出来后，大脑会觉得：好了，已经足够了！

■ 会议上大家各抒己见讨论问题

绘制成思维导图，如下图所示：

■ 将会议问题和意见用思维导图表现出来

再让我们来试试使用思维导图一线一词拆解关键词之后的效果吧！

下图的橙色部分就是拆解关键词以后的内容。

■ 拆解关键词，优化思维导图

在思维导图中，每一个关键词都能激发我们更多的思考。当关键词被拆解以后，我们就可以沿着关键词去进一步思考口头警告；拆解成警告、口头两个关键词以后，我们就会顺着警告自然想到除了口头之外，还有书面形式。于是关于警告的新的形式——“书面”就呼之欲出。（注意：在拆解过程中，位阶越靠上，则类别越大或重要性的等级越高。比如口头警告，警告包含口头，所以拆解的时候，尽量是警告在前，口头在后。）

除了解决问题之外，我们还能想到问题的其他方面，比如说问题的定义、问题产生的根源等，让我们的想法更加全面、更加系统化。

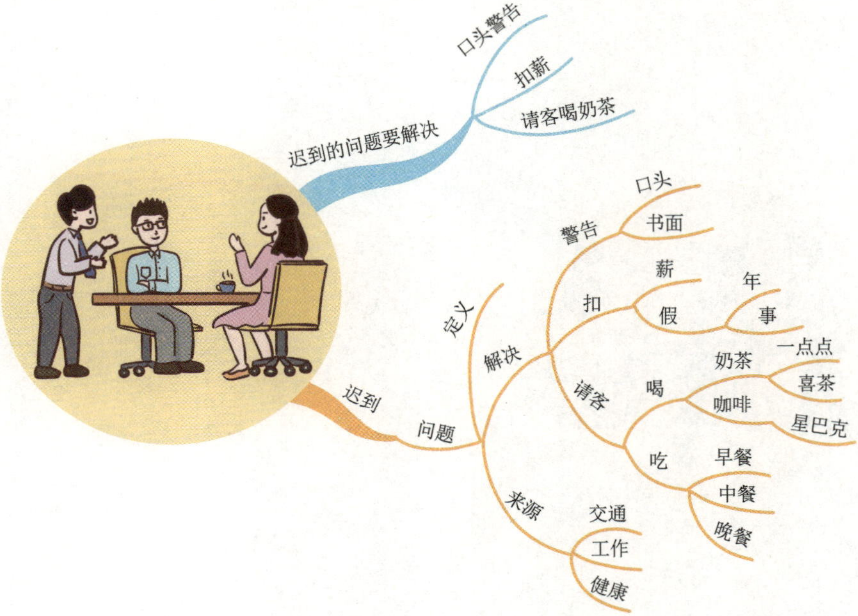

■ 利用思维导图扩展会议问题

除了解决迟到的问题，还能想到迟到的影响哟！

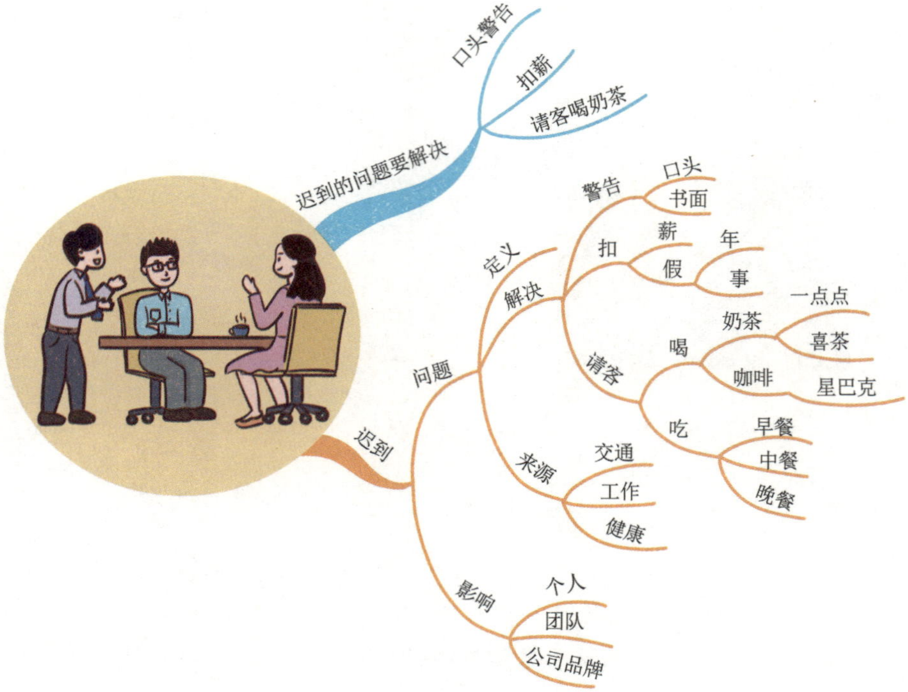

■ 利用思维导图扩展会议意见

这样做的好处是思考更全面、更系统，避免出现盲点。比如，如果迟到的原因是昨晚加班到凌晨，导致晚起，那在解决方案中，用警告或是扣薪显然是不合适的。

线条的使用规则

思维导图中的线条在整个布局及美观中起了很大的作用，学过思维导图的人都把练习线条作为基本功，下面我们一起看看线条的大致样子吧！

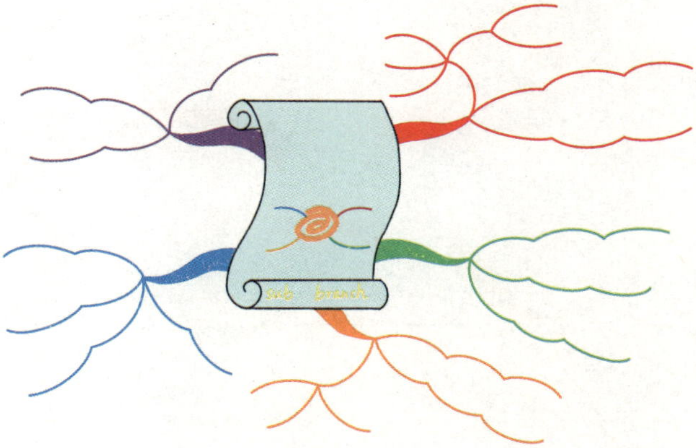

■ 线条

阅读一张思维导图需要从中心主题开始，即上图中间的位置，中心主题明确后，接下来就轮到线条出场了。

线条分为主干和支干，主干线条的特点是连接中心主题，一般由粗到细。支干线条的特点是连接主干，是主干后面细细的线条。

使用线条有哪些规则呢？我们先从线条的特点和作用讲起。

规则一：掌握线条的特点

我们先从线条的类型，线与线的关系，线与字的关系，以及线与图的关系四个方面入手。

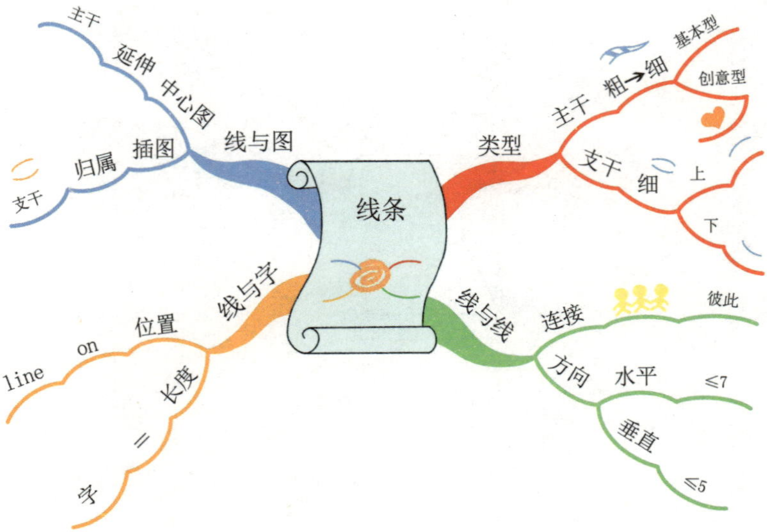

■ 线条的特点

1.线条的类型

线条的类型有两种：主干和支干，其中主干可以是基本型，也可以是创意型。

对于初学者来说，基本型完全可以使用，而创意型常见于思维导图中的竞技赛中，比如思维导图锦标赛、城市赛、中国赛、世界赛等。

比如，两张来自世界思维导图锦标赛的考核项目之一“阅读分析”项目中的作品，其中一张的主干是基本型，另一张是把主干艺术创意化，属于创意型。

■ “主干基本型”思维导图

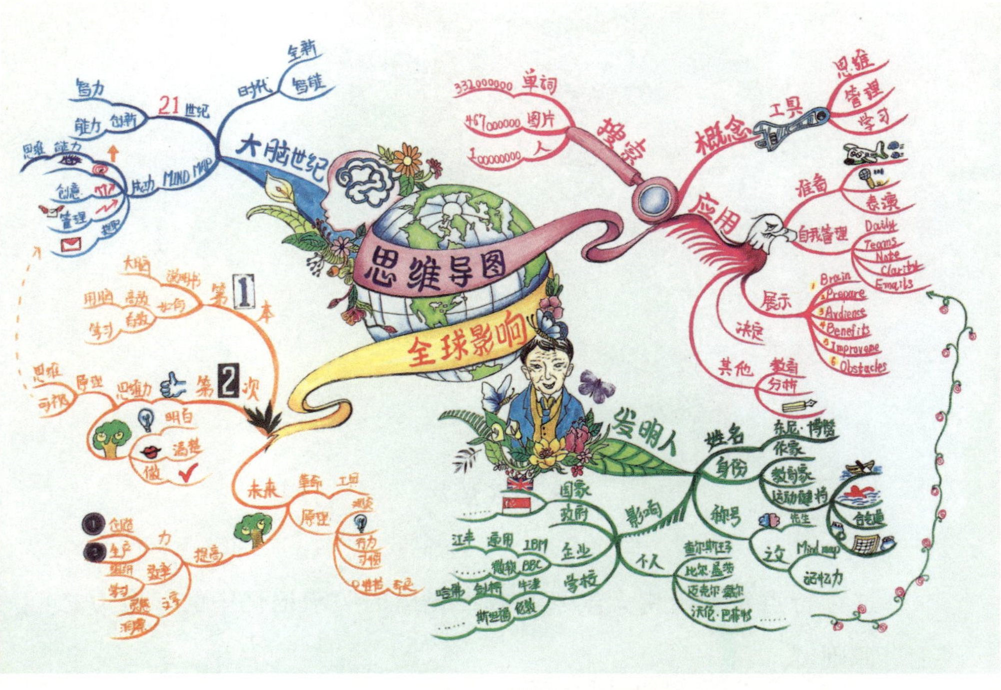

■ “主干创意型”思维导图

支干的特点是线条细细的，连接主干，弧度在一个节点上一般呈现出上凸下凹。

■ 支干的特点

2.线与线的关系

线条不论是主干还是支干都彼此连接，同一个节点发散出来的线条，也就是联想开花（水平思考）引出来的同级关系，一般数量小于7，联想接龙（垂直思考）一般小于5。

■ 联想开花

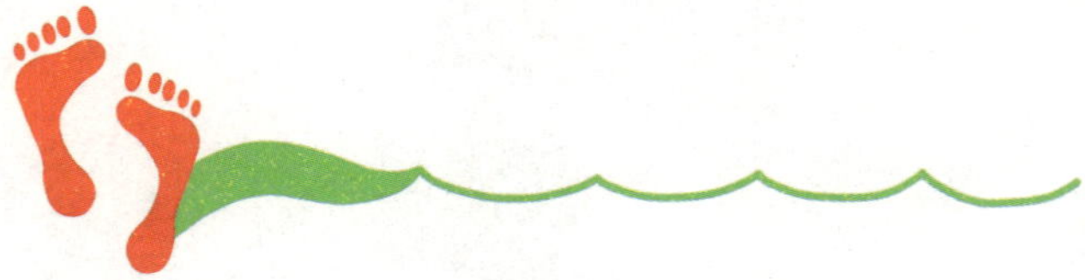

■ 联想接龙

这一特点符合哈佛大学米勒教授提出的关于记忆中的“魔力之七”原则。

乔治·米勒，美国哈佛大学心理学教授，是以信息处理为基础的认知心理学先驱，也是因研究短期记忆提出“神秘7加减2”理论而闻名的心理学家。

当时的心理学家虽然已将信息处理大致区分为感官记忆（2秒以下）、短时记忆（15秒以下）以及长时记忆，但短时记忆的重要性，在米勒1956年发表研究报告《神奇的数字7±2：人类信息加工能力的某些局限》之后才被确定。

他的主要贡献就是提出了信息编码的概念。他认为编码最简单的方式是输入信息归类，然后加以命名，最后储存的是这个命名而非输入信息本身。在短时记忆中，一般人平均只能记下7个项目（如7个数字、7个地名等），一般电话簿上查到的电话号码都是7位数字。

短时记忆的量不能增加，但此7个事项的性质则经由心理运作使之扩大。如2471530121987是一长串数字，远超过7的限制，但运用“心理运作”将之意义化，变成“24小时7天半个月30天12月1987年”之后，再记这一长串数字就比较容易了。

米勒称此种意义单位为“组块”，学习英文时由字母到单词，由单词到短句，由短句到长句，都是将零碎的信息经“心理运作”变成多个组块后记下来的。

3.线与字的关系

线条是用来承载关键信息的，比如关键词或插图，所以字一般都是在线条的上方，线条的长度等同于关键信息的长度。

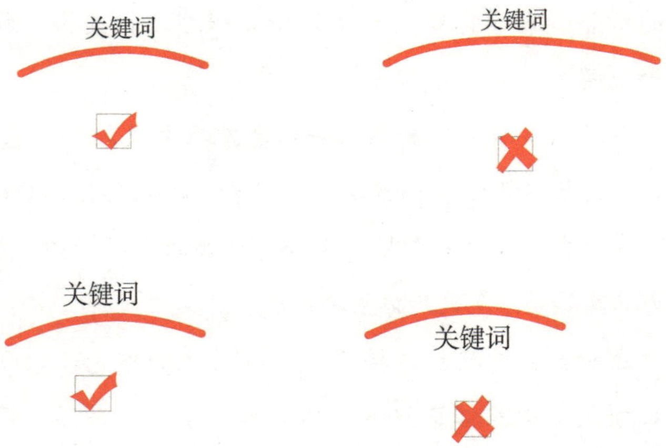

■ 线条与关键词的位置关系

4.线与图的关系

主干从中心图往外延伸，主干或是支干上都可以是单独的插图或者图文并茂的信息。

在绘制思维导图中，线条的绘制是基本功，一张思维导图美观与否与线条有着直接的关系，线条在思维导图中发挥了重要作用。

规则二：发挥线条的作用

线条的作用是承载关键信息，比如关键词或插图。线条在绘制的过程中帮助引导思维脉络，呈现逻辑关系，如总分、并列、递进、因果关系等。

1.总分

2.并列

3.递进（补充说明）

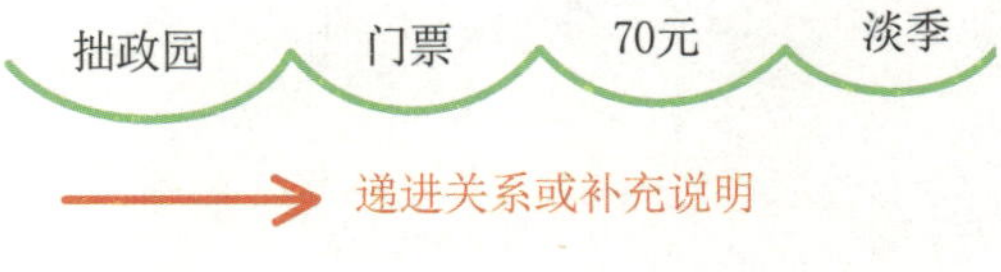

4.**因果**

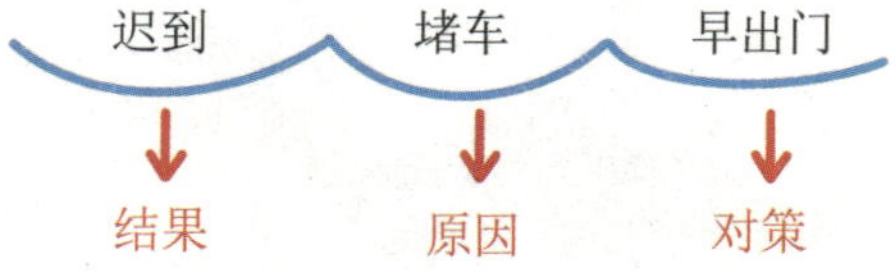

颜色的使用规则

心理学家朗诺·格林指出，利用色彩传达视觉上的信息，可以提升80%的阅读意愿和参与动机。《色彩的影响》这本书的作者珍·怀特也认为，使用色彩可以提升70%的理解力和60%的回忆能力，并缩短82%的信息搜索时间，利用颜色可以提升个人的记忆力。

17世纪末期，牛顿用三棱镜把太阳的白光分成了红、橙、黄、绿、蓝、靛、紫七种颜色，这就是著名的最美实验“光的色散”。把这些颜色排列在一个闭合的圆圈上，便是色相环的起源。色相环揭露了色彩之间的关系，红、黄、蓝这三个光谱色在色相环上彼此的间距是相等的，只要在色相环中画一个等边三角形，便可以把它们串联起来。红、黄、蓝这三个颜色是艺术家调配颜色的基础色，这也是“原色”名称之由来。理论上，所有其他的颜色——多达1600万种甚至更多，都可以用红、黄、蓝这三种光谱色调配出来。

橙、紫、绿是所谓的“第二次色”或“二次色”。和三原色一样，它们在色环上的位置也是等距的。第二次色名称的由来，源于它们是三原色的产物：红和黄产生橙，红加蓝为紫，蓝加黄为绿。

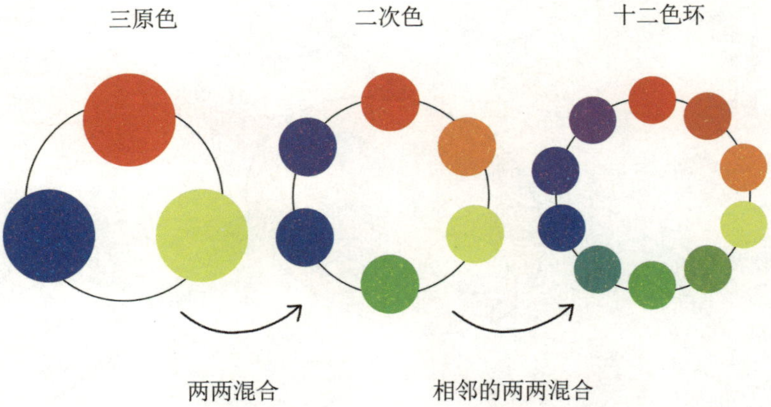

其中邻近的色彩彼此类似，术语是“类似色”；相对位置的色彩为对比色，又名为“补色”。

色彩在思维导图中有两条应用规则：

规则一：区分不同类别的信息

同一类信息使用同一颜色来绘制。相邻信息之间通常使用对比色，即当第一个分支颜色为大红色时，第二个分支颜色为二次色中的对比色——绿色，第三个分支为橙色，第四个分支为蓝色，第五个分支为黄色（注意：因为黄色字迹写入时非常不明显，一般使用褐色替代），第六个分支为紫色，使用这样的对比色以达到区分信息组块，即分类的效果。

规则二：传递感受

由于不同的颜色会使人产生不同的感受，在使用颜色时，也可以信息传递的情绪来决定使用的颜色。

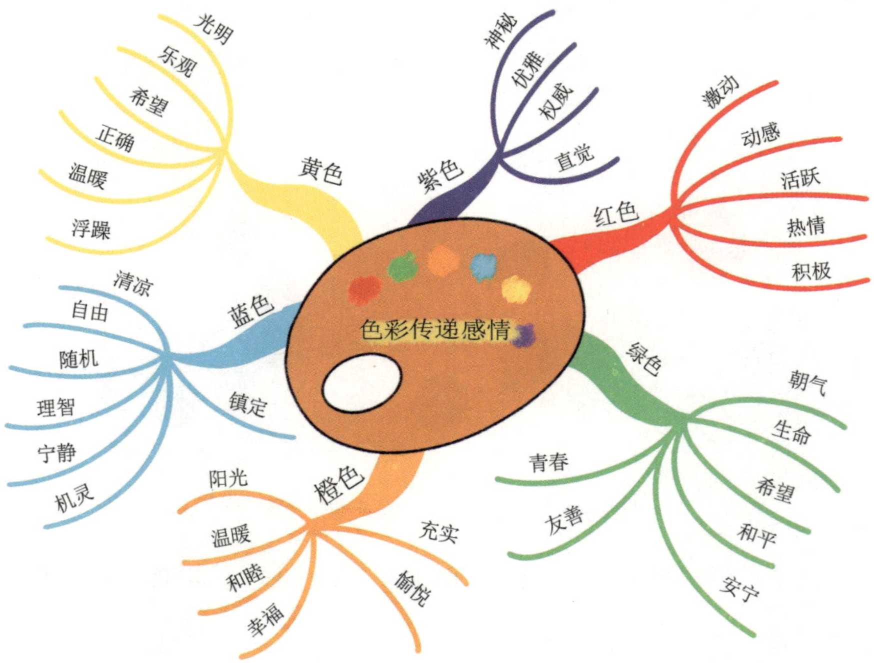

■ 色彩传递感情

每个人对颜色的感知力不同。我曾在课堂上问学员，红色会传递什么样的情感？有人回答热情，有人回答血腥，因为红色也会使人联想到鲜血。绘制思维导图时，如果内容仅供自己阅读，可以随心所欲一些，但如果需要呈现在公众场合，则尽量避免太个性化。比如《喝茶》这篇短文的思维导图，我用了四个不同颜色——灰色、绿色、蓝色、红色——来传递看到这篇文章后不同的主干带来的感受：

■ 用颜色区别思维导图中的不同主干

小贴士

- “历史”选择灰色，代表过去的信息。
- “功用”选择绿色，大地是绿色，所以用来表达生命力。
- “成分”使用蓝色，说明是客观事实。
- “禁忌”选用红色，表示禁止，需要引起注意。

绘制思维导图的方法

通过前面一章我们知道了使用思维导图的优势，了解了思维导图的应用、思维导图的绘制规则以及包含元素，你可能会问：如果自己动手绘制一张思维导图，应该从哪里开始呢？

现在，我们就一起去了解思维导图的绘制方法吧！

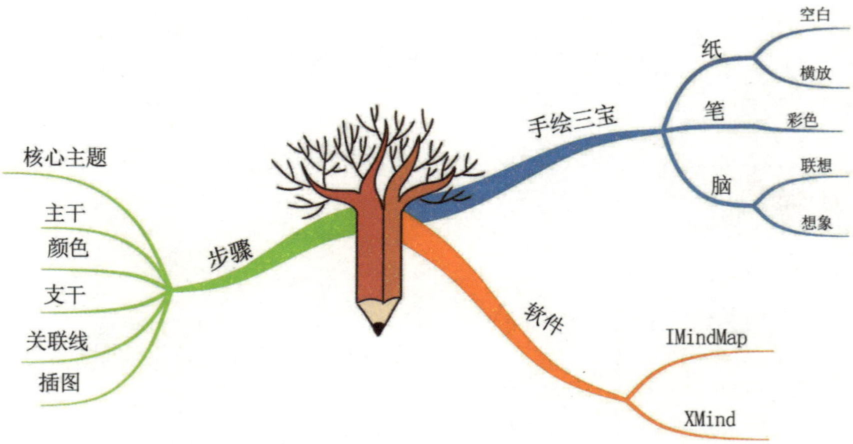

■ 思维导图绘制方法

思维导图从绘制方法上分为手绘和软件绘制两种，建议思维导图的初学者从学习手绘开始。手绘的每一根线条都是自己想法的体现，在绘制的过程中，能真正实现手与脑的统一，而软件绘制只需要敲打键盘即可。在携带的便利性上，手绘只需要一张白纸和笔就可以完成，不需要电脑等设备，这个也是手绘的优点之一。

手绘思维导图用到三宝：纸张、笔和大脑。最重要的当然是大脑。绘制思维导图首先要确认中心主题，也就是绘制这张思维导图的目的是什么。确定主题内容后，接着围绕这个中心主题，经过联想与想象，将大脑里的想法层层往外呈放射状展开。

绘制思维导图的软件有很多，这里推荐的是IMindMap和XMind。一般步骤如下：确认核心主题，明确主干大类，使用颜色管理，细化支干内容，在信息之间有关联的地方加上关联线，最后在重要的地方加插图。在绘制思维导图时，往往落笔在主干的时候就会考虑颜色的选择，所以绘制主干和颜色的选择几乎是同步进行的，我们可以把它们并作一步。

五个步骤帮你画出有看点的思维导图

思维导图是一个动态的思考过程的呈现，在绘制过程中如果能遵循正确的绘制步骤，加以刻意练习，久而久之便可真正提升思维的广度和深度。同时，由于思维导图要求分类清晰，也有利于逻辑思维的养成。

以下有五个步骤七张图，请按照顺序把图看一遍，再试试仅看思维导图是否能够明确原文的意思。看完后，可以参考后面的文字部分《刻意练习》做对比，你会发现思维导图在绘制的过程中能够简化信息，同时让信息的传递变得生动有趣，更利于记忆和理解。

步骤一：纸张横放，在纸张中央画出中心主题，所占位置约占纸张的1/9。

■ 步骤一

步骤二：由中心主题往外展开三个主干，主干呈现放射状，线条由粗到细，同时给每一个主干赋予一种颜色，在主干上写上关键词。注意：线条的长度等于关键词的长度，颜色尽量使用冷暖对比色，或是能表达主干内涵的颜色（冷暖色及颜色内涵参考“颜色”的专题文章）。

■ 步骤二

步骤三：延伸主干上的内容，填上关键词，注意这个部分的线条一般是细细的，不同于主干，延伸在主干后的线条颜色和主干颜色一致。这样做是为了区分信息组块，一条主干后的信息为一个信息组块，也是一个大的类别。

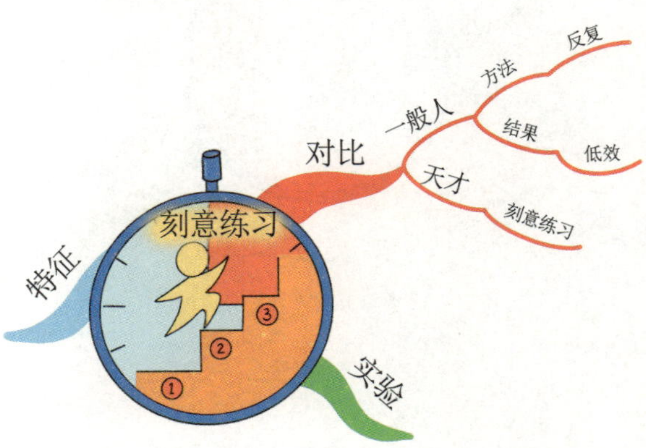

■ 步骤三（1）

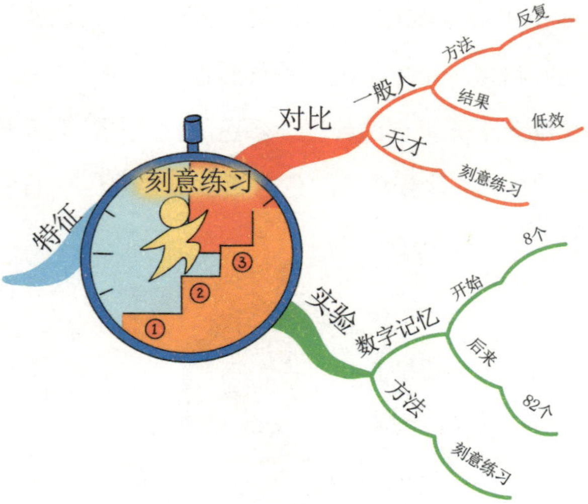
刻意练习
特征
对比
一般人
方法
反复
结果
低效
天才
刻意练习
实验
数字记忆
开始
8个
后来
82个
方法
刻意练习

■ 步骤三（2）

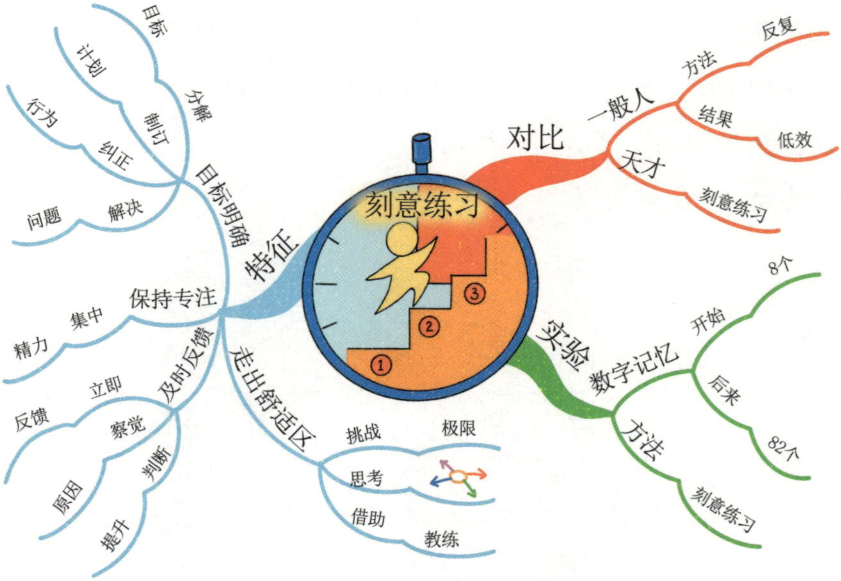
刻意练习
特征
目标明确
分解
目标
制订
计划
纠正
行为
解决
问题
保持专注
集中
精力
及时反馈
立即
反馈
察觉
判断
原因
提升
走出舒适区
挑战
极限
思考
借助
教练
对比
一般人
方法
反复
结果
低效
天才
刻意练习
实验
数字记忆
开始
8个
后来
82个
方法
刻意练习

■ 步骤三（3）

步骤四：中心主题、主干、支干完成后，整个框架脉络基本完成，这时候思考及查看信息间有无关联性。比如，因果关系和重复性，此处在两个分支处出现“刻意练习”，当信息有重复的时候，用双箭头指引，说明相互影响。

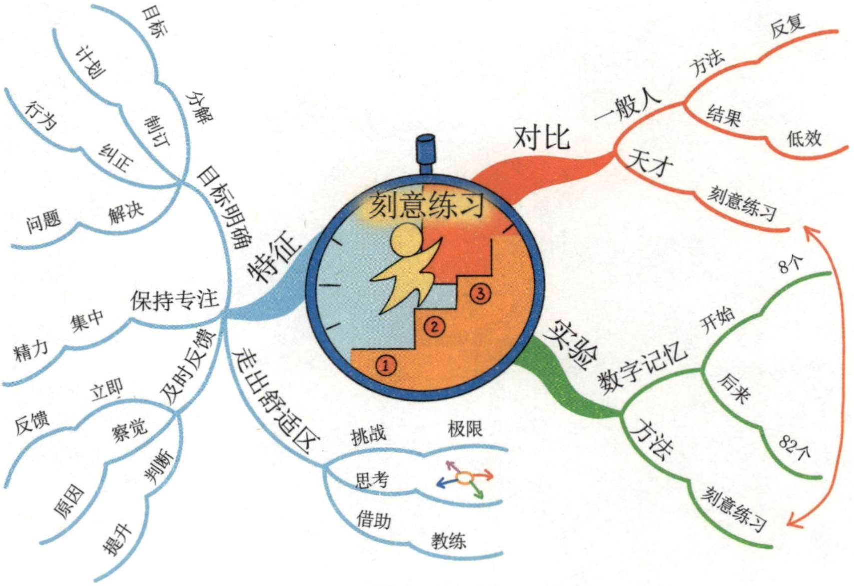

■ 步骤四

步骤五：在你认为重要的、难理解的地方加上小插图，便于记忆和理解。

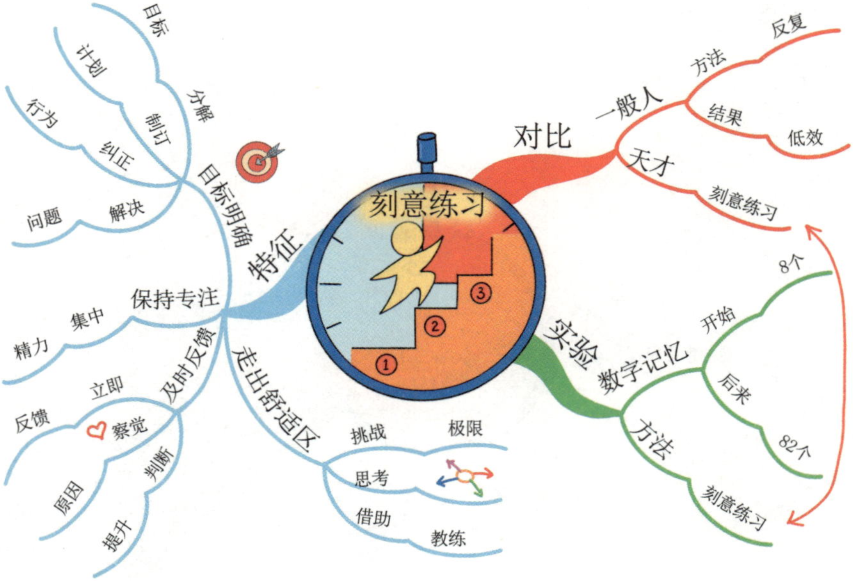

■ 步骤五

刻意练习（文章段落节选）

研究证明成为天才的唯一秘诀在于练习，那很多人就会说，我们也一样地努力学习、练习，为什么我们就成不了天才呢？答案在于练习的方法。我们对比一般人学习或练习一种技能，不难发现，他们采用的都是天真的练习法，即反复地做某件事情，但这是一种极其低效的练习。而天才用的是刻意练习的方法。

作者和同事曾经开展过一项关于锻炼记忆力的实验。一个普通的大学生史蒂夫尝试记忆数字，最初，他像普通人一样，只能记住8个左右，经过练习，慢慢地突破9个、10个……最终，他的成绩达到了不可思议的82个数字。在这个实验中，史蒂夫采用的练习方式不是天真的练习，而是有目的的练习，也被称为刻意练习。

什么样的练习是刻意练习？它具有以下四个鲜明的特征：

1.具有定义明确的特定目标

史蒂夫的短期目标是每次都比上次多记住一个数字。就这样把目标分解，并制订一个计划，在实现每一个小目标的过程中，纠正自己的行为方式，解决面临的问题。

2.具有专注的练习状态

史蒂夫在练习的每时每刻都尽力保持专注，集中精力听着作者报出的数字，记忆，复述。每秒钟一个数字，没有任何走神。

3.练习包含反馈

你必须知道自己做得对不对，如果不对，又错在哪里。在记忆实验中，史蒂夫每次尝试都会得到立即反馈，知道是对还是错。他自己也会觉察到哪些数字让他犯错，又是什么原因。一般来说，无论你想做什么事情，都需要反馈来准确判别你在哪些方面还有不足，以及存在不足的原因。不然，你不可能清楚自己在哪些方面还需要提高。

4.需要走出舒适区

在记忆实验上，作者一开始就设计不会让史蒂夫感觉到太舒服，当史蒂夫背出来时就增加数字。总是让他在离能力极限不远的地方挑战自己，让他离开自己的舒适区。

对于任何类型的练习，这都是一条基本的真理，如果你从来不迫使自己走出舒适区，便永远无法进步。当走出舒适区时，几乎每个人都会碰到“瓶颈”，那些关卡看起来很难，好像你永远也克服不了，在这种情况下，越过障碍的最好办法是从不同方向去想办法。你可以思索更好的方法，也可以借助于导师或教练，他们可能已经熟悉了你遇到的障碍，可以为你提供克服障碍的方法。

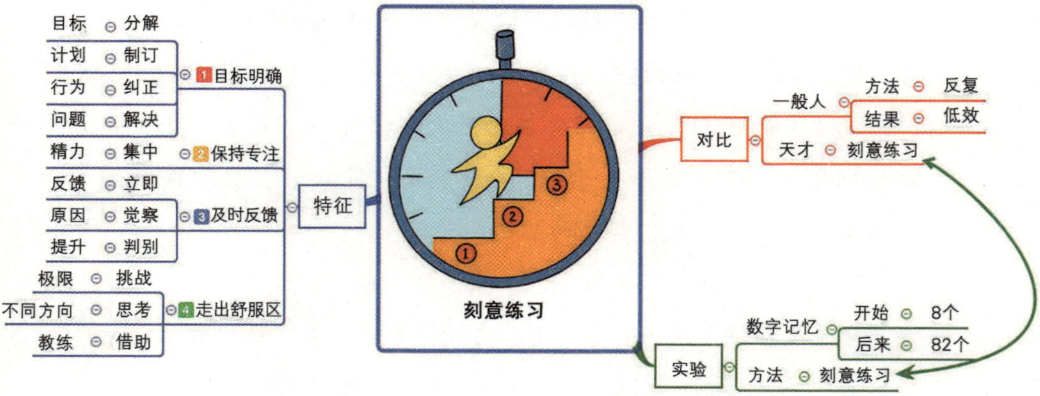

■ 软件XMind版

简而言之，绘制思维导图只需这样五步：

1.确认核心主题。

2.思考大纲主干，并赋予颜色。

3.延伸支干细节。

4.进一步思考信息之间有无关联。有的话，使用关联线。

5.重要的地方加上插图。

使用软件绘制思维导图

在给企业做内训时，很多学员让我推荐一款适合做思维导图的软件，其实市面上可以找到很多好用的软件，我想跟大家分享XMind这款软件。记得10年前，我就是从这款软件的使用开始接触思维导图的。办公软件在一定程度上提升了我的工作效率，锻炼了我的逻辑思维、统筹安排等能力，在工作思路整理、活动策划、会议记录等方面有着极为广泛的应用。当然，作为一个思考的工具，它的应用场景还有很多。

下面我以XMind为例，向大家展示下载安装及使用的过程。

下载及安装步骤

第一步：百度搜索XMind，出来以下界面，选择第一个XMind中文网站（也可以直接打开网站：www.xmind.cn）。

第二步：打开网站后，点击导航栏中的“下载”（由于XMind公司的页面经常会改版，笔者仅以写作时候呈现的页面为例）。

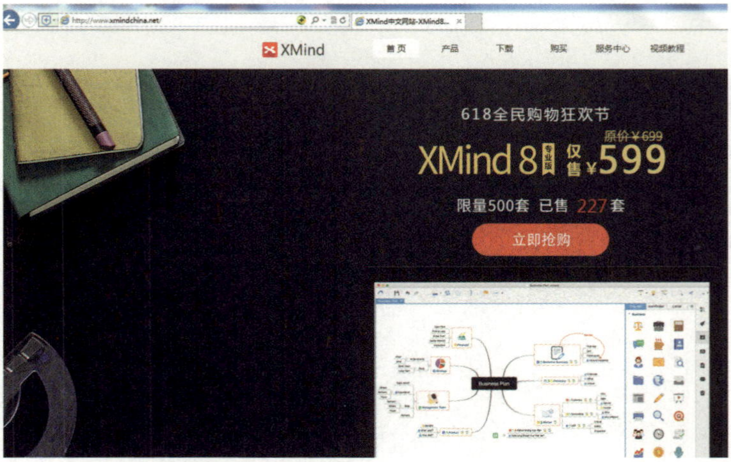

第三步：点击到下载页面并安装（根据电脑系统选择下载Windows或Mac版）。

最后，下载成功后的图标为：

软件操作步骤

1.新建空白页

双击XMind图标，打开软件，界面会出现“新建空白页”。点击“新建空白页”，跳出“中心主题”。

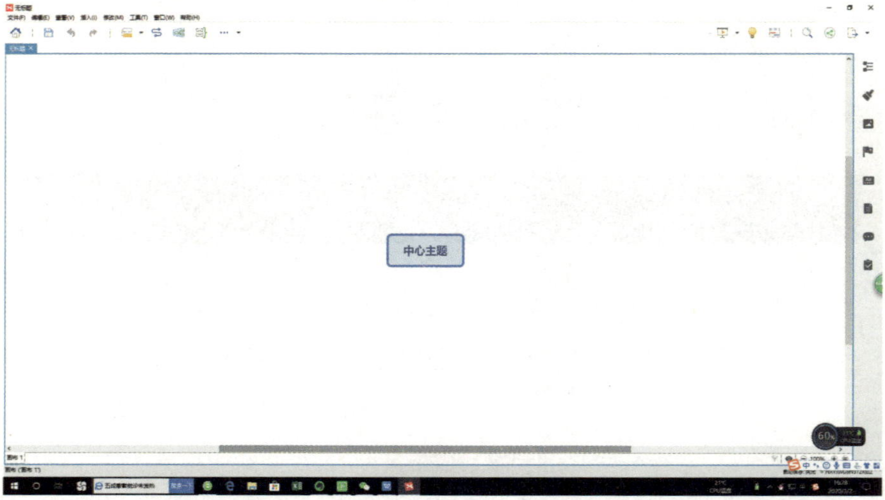

选择一套适合的模板风格，我常用的是复古风格。

操作方式是点击右侧竖列图标中的  （风格）按钮，双击选择“复古风格”，如下图所示。

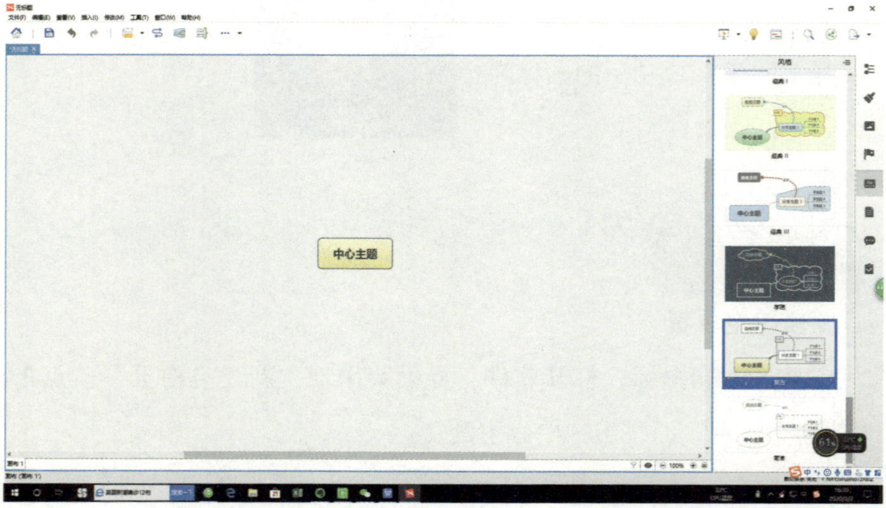

2.编辑要点

（1）编辑文字

在“中心主题”页面，鼠标双击“中心主题”，输入中心主题名称，比如“陈苏娟个人介绍”。

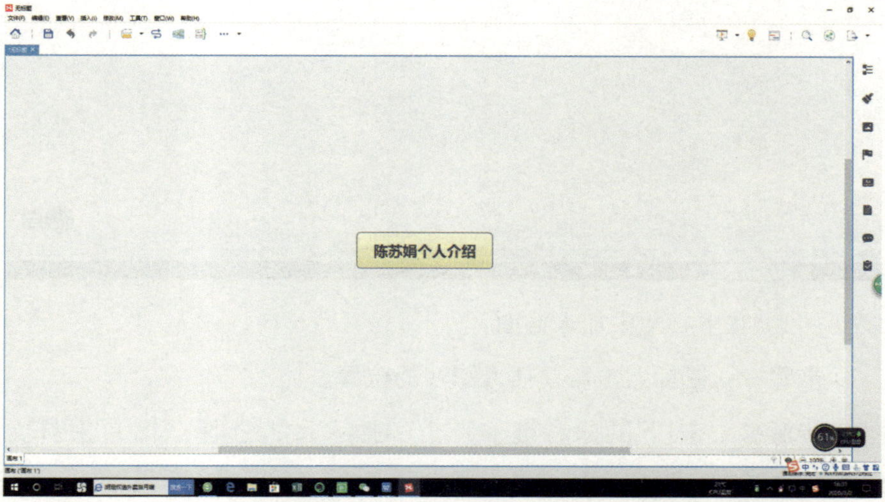

这里需要提醒大家，如果主题文字过长，需要换行，操作方法是按住Shift+Enter键。比如“陈苏娟”一行，“个人介绍”另起一行，就把鼠标点到“陈苏娟”的后面，按住Shift+Enter，“陈苏娟”后面的“个人介绍”变成第二行文字。

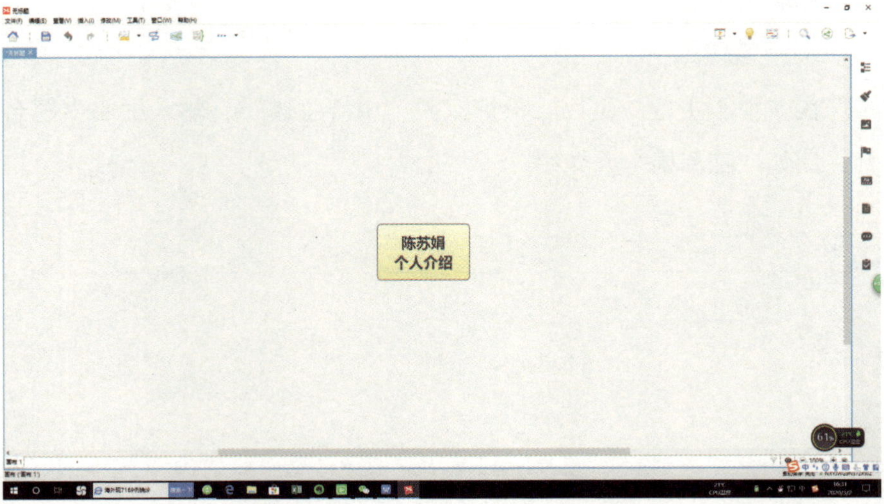

（2）在中心图中加入插图

步骤一：鼠标点击需要插入图片的位置。

步骤二：按下鼠标右键，点击“插入”，选择“图片来自文件”，插入图片。

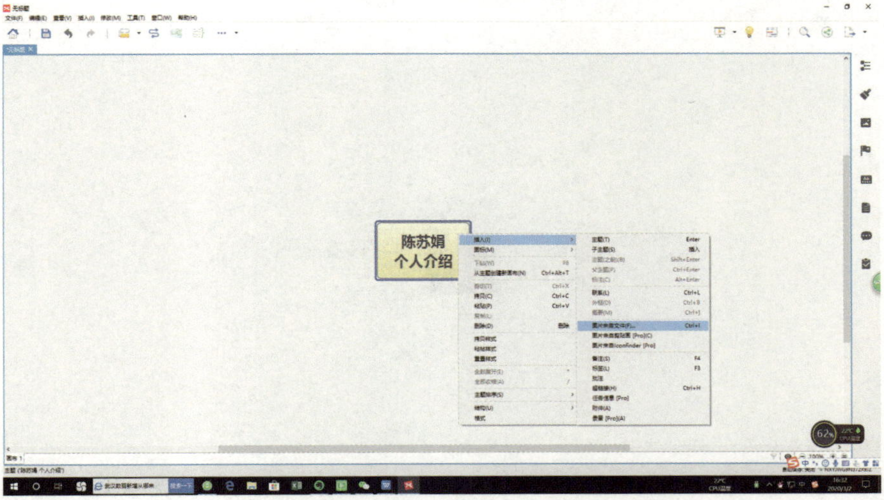

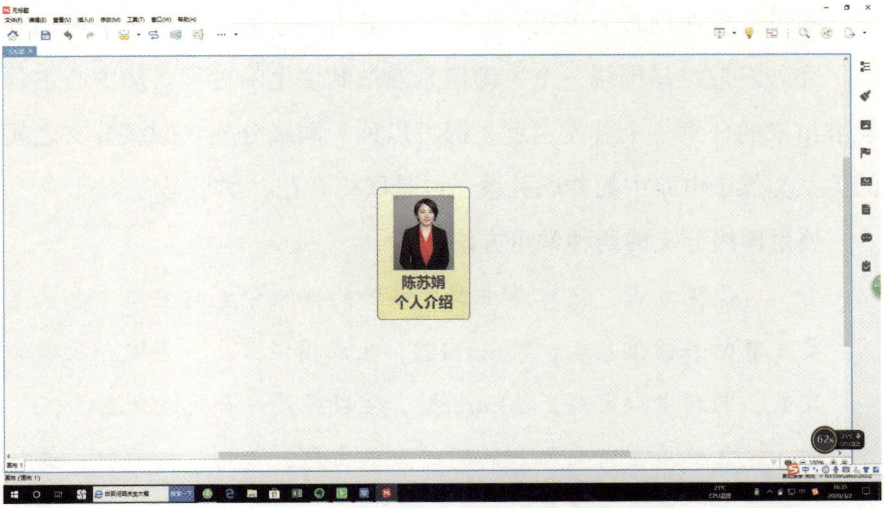

3.增加分支主题

分支有两种，一种是同级分支（联想开花或水平思考），另一种是次级分支（也就是下一级分支，联想接龙或垂直思考）。

同级分支在位阶上也指同位阶，一般由一个关键信息（关键词或图）往外发散，是围绕一个关键信息发散到多个的过程。从中心主题发散出来的任意一个分支主题，都可以称为同级分支。同级分支之间的关系类似于电路中的并联关系，也是联想开花，水平思考。

使用同级分支的两种常用方法：

- 快捷方式：鼠标单击需要添加的同级分支的主题（也就是要发散的关键信息），按Enter键，生成同级分支，再做一次新的发散，回到中心主题，按Enter键，生成另外一个同级分支。
- 鼠标单击需要添加的同级分支主题，单击鼠标右键，选择“插入”，单击“主题”。

下图是围绕中心主题的五个同级分支：

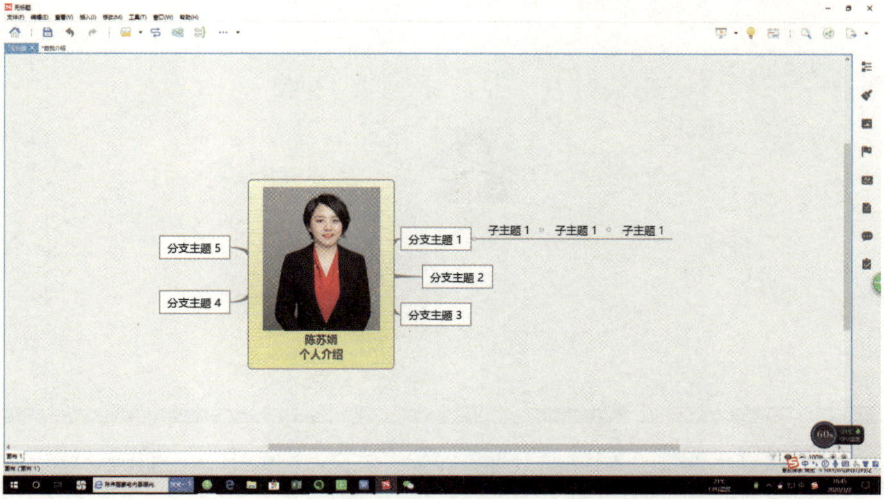

次级分支是下一次层级的内容，指的是下位阶，也是思维导图中思维层级的联想接龙（垂直思考）。

次级分支两种常用的操作方法：

- 快捷方式：鼠标单击需要添加的次级分支，按Tab键，自动生成次级主题分支，以下图为例，生成四个子主题。
- 鼠标单击需要添加的次级分支主题，单击鼠标右键，选择“插入”，单击“下一主题”。

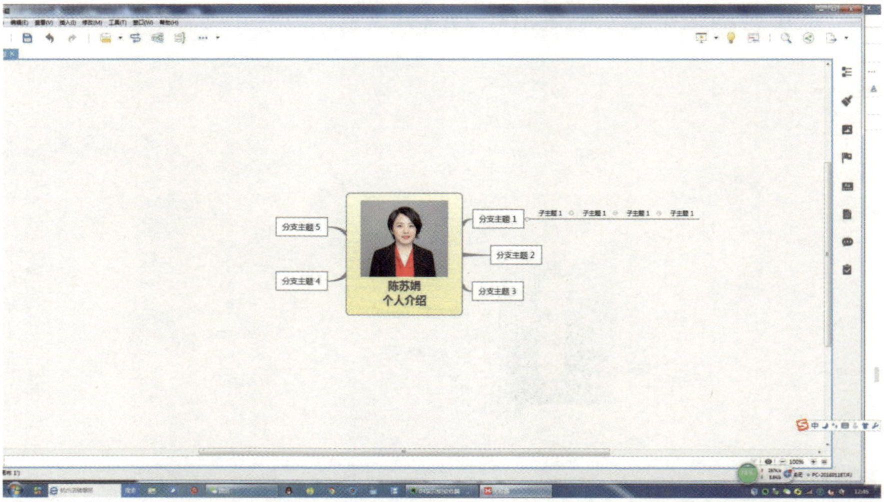

经过以上操作，XMind软件的下载、安装，中心主题、插图、同级分支、次级分支的添加过程已经完毕，一张基础的思维导图的大框此时已经建立。

XMind软件中关于自我介绍思维导图的中心主题、主干、支干至此基本完成，以下是添加补充文字后的页面：

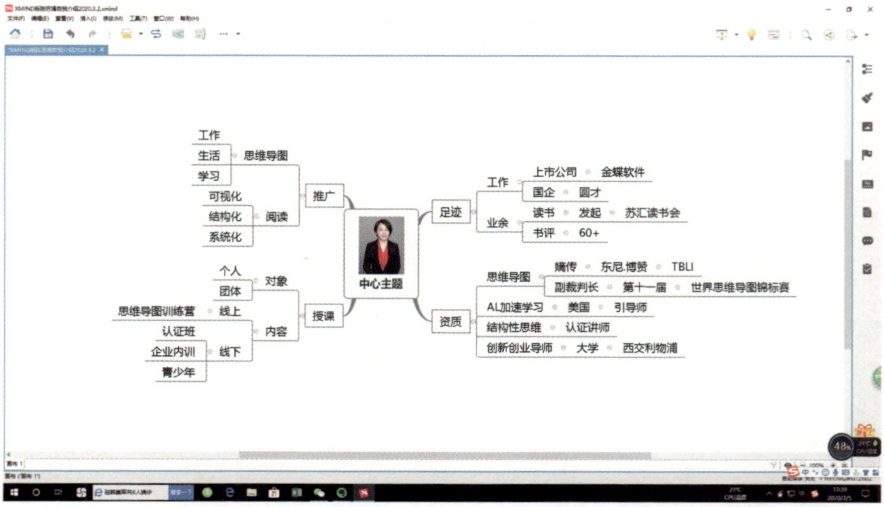

接下来，我们可以考虑增加颜色，找到有关联性的地方，使用关联线，以及在重要的地方使用插图。

4.增加颜色

需要注意的是，在手绘思维导图的步骤中，当我们开始绘制主干的时候，通常就要考虑并开始使用颜色，还记得前文提到的颜色的主要作用吗？——区分信息组块与表达情感。在选择颜色的时候一定要记住，同一分支使用同一颜色。

使用软件XMind绘制思维导图时，可以在整体绘制完以后统一美化，变更颜色，有三个地方可以选择变更颜色：

（1）变更主题颜色

打开XMind软件，点击新建空白页，选择风格中的“复古”后，你会发现，中心主题的背景是黄色。假设我们不需要这样的效果，或者干脆不需要颜色，可以选择白色。操作如下：点击选中“中心主题”，选择右侧竖列按钮中的风格（图标  ），选中“外形&边框”下一排右侧，点击选取适合的颜色。以白色为例，点击选中白色后，黄色中心主题颜色变为白色，这样就完成了中心主题颜色的更换。

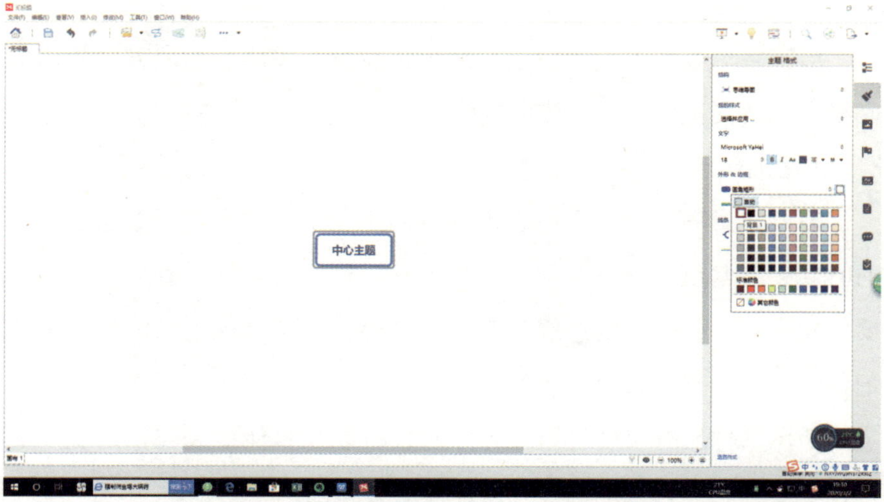

（2）变更线条颜色

比如，在自我介绍思维导图中，其中一个主干分支是工作，如何变更这一分支的颜色？先要选中这一分支中最上位阶（这里是连接中心主题的主干），然后点击右侧竖列图表栏中的“格式”，点击线条选项右侧选择线条颜色，选出红色。如果色盘上没有想要的颜色，可以选中色盘上的“其他颜色”进行自定义。

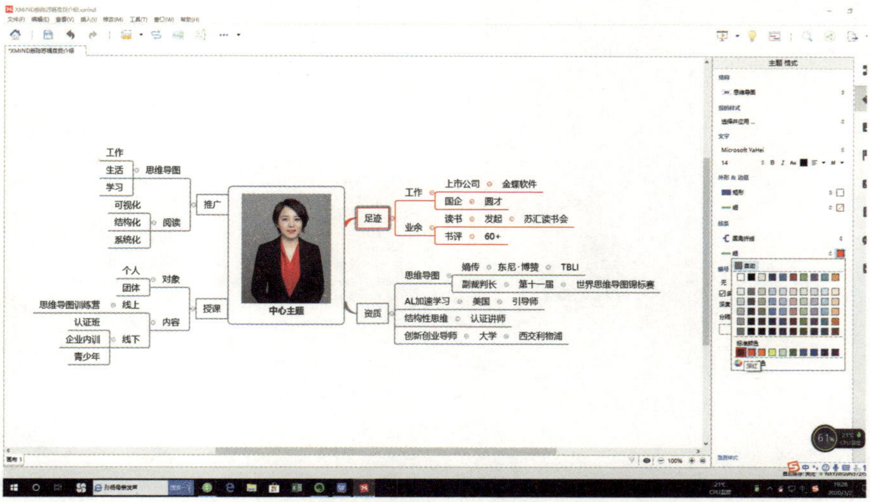

（3）变更文字颜色

选中要变更颜色的文字，点击右侧竖列按钮中的风格（图标  ），点击文字下方第二排右侧的颜色部分，选择需要的颜色。

这里需要注意的是，在思维导图中，文字的颜色通常有两种：一种是黑色，另一种是和线条同色。XMind软件默认的文字颜色为黑色，变更文字颜色的功能很少使用。

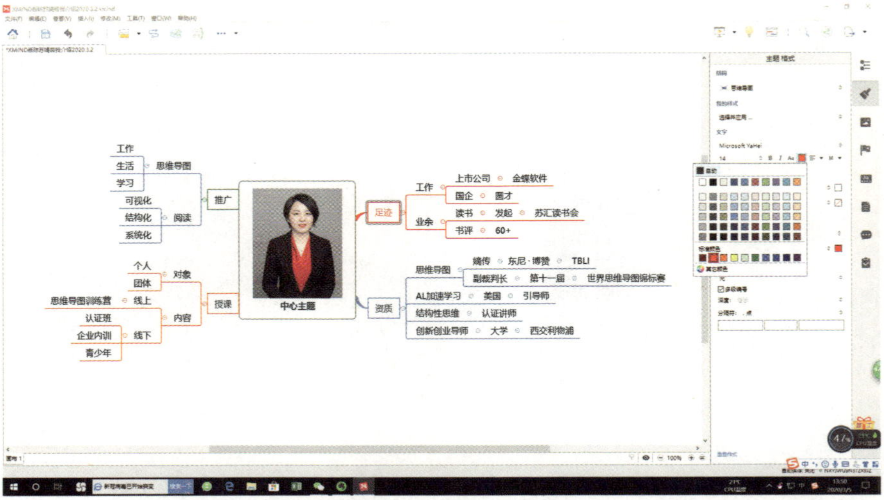

5.增加关联线

如果信息之间有一定的关联性，则可以使用关联线做指引，在上面这张思维导图中，由于我是思维导图创始人东尼·博赞的嫡传弟子，因此可以开展思维导图管理师认证班，这里有着一定的关联。当信息组块之间有因果关系或重复的时候，可以使用关联线。

操作步骤如下：

第一步：点击XMind页面上方，找到关联线的图标（通常在打开的XMind软件最上方）。

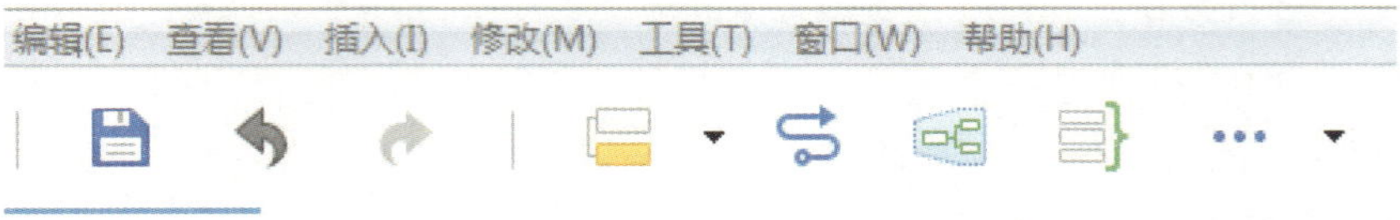

第二步：点击关联线，找到想要关联的起点处，这里指的是东尼·博赞，点击该位置，指向认证班。由于XMind软件中默认颜色为

灰色，在思维导图中关联线的颜色建议使用起点的颜色。这里因为我是东尼·博赞的嫡传弟子，所以可以开展思维导图管理师认证班，起点是原因这里，这里的色块使用了蓝色，所以关联线的颜色也使用蓝色。

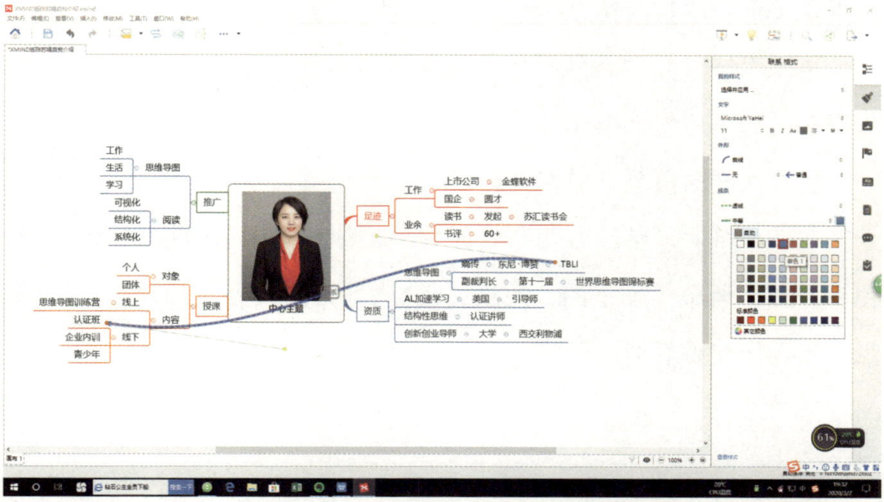

6.添加插图

添加插图可以参考中心主题的插图步骤，这里需要注意的是，插图往往放在整张思维导图的重要位置。

使用软件绘制思维导图常见的问题

1.分支间需要调整顺序，怎么办？

2.绘制过程中，突然冒出新的想法，但是这个想法不属于该分支，怎么处理？

3.类别逻辑顺序，也就是大类小类需要调整修改，怎么做？

下面我们来看第一个问题：分支间需要调整顺序，怎么办？

在逻辑关系中，有时候我们是按照一定的顺序，比如时间、空间、重要性等进行思考。由于思考的过程是动态的，大脑在思考问题的时候是发散性、跳跃性的，这样的话在思维导图构建完成后，就会出现需要重新调整的情况。

相比手绘，利用软件操作在便利性上确实提升了很多，修改也容易得多，那具体怎么操作呢？

遇到这样的情况，操作方式如下：

在XMind中，点击需要调整的内容，注意点中后边框会变色，变色后，拖动调整（如下图，同级分支2调整为同级分支1的上方），次级分支操作步骤类似。

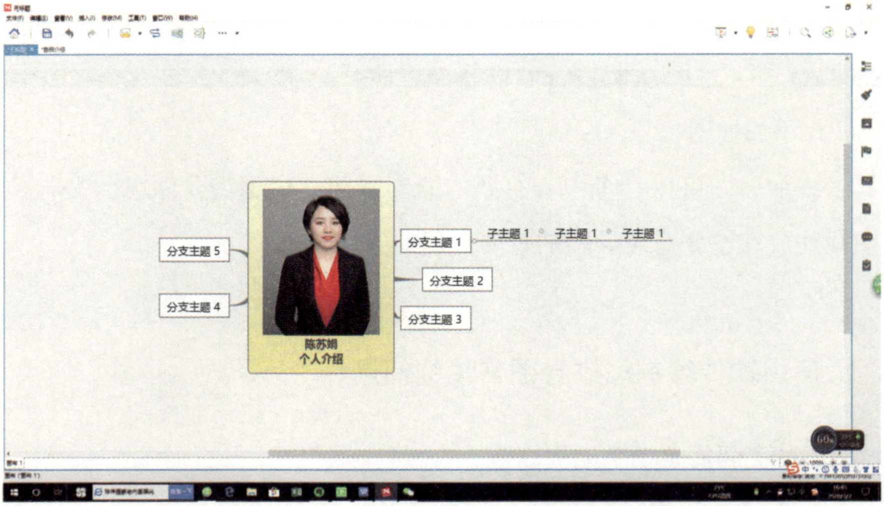

第二个问题：在制作思维导图时，突然冒出新的想法，而这个想法又不在该分支中，但这个想法很重要，这时怎么处理？

如果新冒出的念头不在原本的分支上，则可以给它一个独立分支，这么做主要是为了记录，避免遗忘。

操作方法如下：点击“中心主题”，添加同级分支，等到我们完成这张思维导图后，可以再思考如何对这个分支进行归类，或者干脆拿掉。

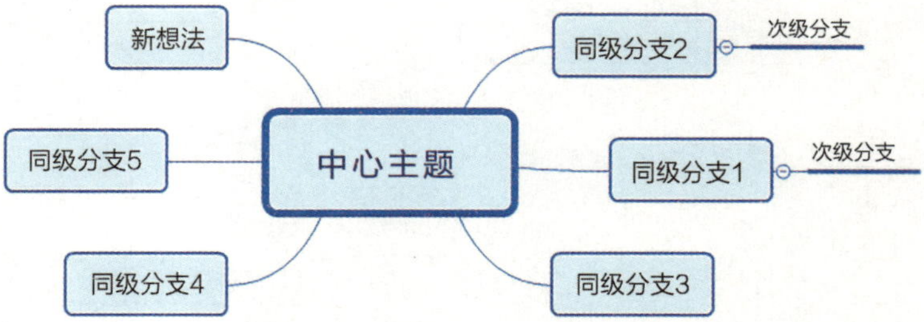

第三个问题：类别逻辑顺序，也就是大类小类需要调整修改，怎么做？

在思维导图中，一张有结构的图也是一张逻辑清晰的图。而在思考过程中，一般是任由思绪流淌，一次成形的、很有结构性的图实属难得，同一分支类别需要调整，该怎么办？

在手绘思维导图时，我们往往整理修改多次，相对比较耗时和浪费纸张，软件绘图在这方面就比较有优势了，往往只需要在一个页面上稍做调整就能完成。

比如这张图，在“物资”处，“学员用笔”和“讲师用笔”同属于笔的范畴，想合并归类，怎么调整呢?

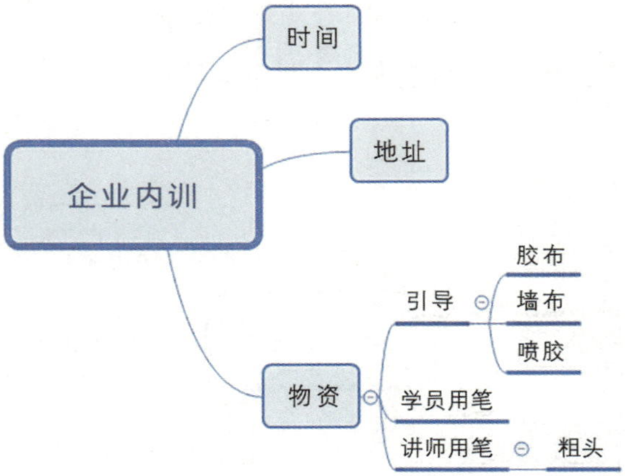

步骤如下：

1.点击“学员用笔”；

2.按住Ctrl键，同时鼠标选中“讲师用笔”，这时候把页面中“学员用笔”和“讲师用笔”全部用边框选中，表现为颜色加深；

3.点击鼠标右键，选择父主题（父主题此时为“子主题4”，实际操作名称会有不同，操作步骤顺序相同）；

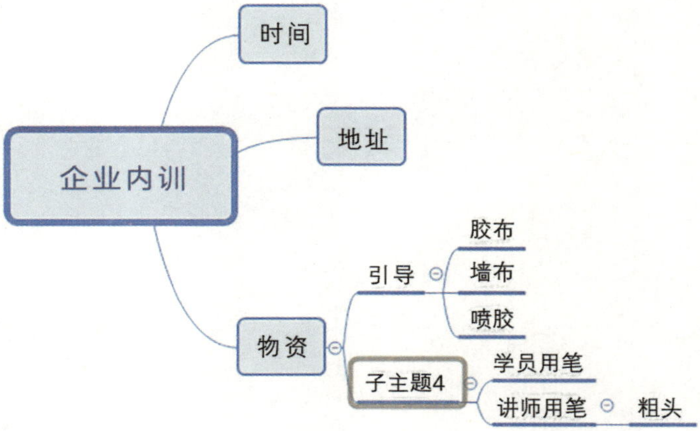

4. 双击“子主题4”进行文字编辑。

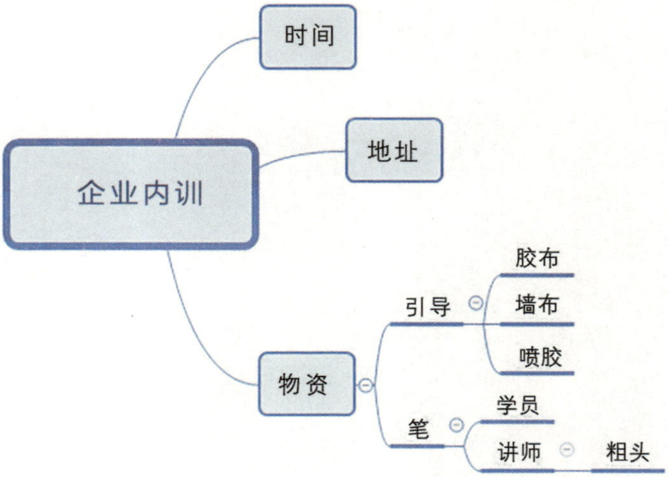

用思维导图进行自我管理

用思维导图做自我分析

有一次，一位做销售的朋友找我诉苦，说常常怀疑自己的工作能力，因为她发现自己不善于主动和客户沟通，拜访客户的时候也不知道该从哪里说起，甚至给客户打电话时，心里都有些忐忑。但当客户在产品使用中出现问题的时候，她总能很好地处理，也因此获得了客户的肯定。后来我跟她一起用思维导图做了一次分析，她才恍然大悟，原来自己的优势不在主动销售上，而是更擅长流程管理或客户服务。

职场中，有些人明明很优秀，逻辑推理能力很强，思维缜密，但缺少很好的人际沟通交往能力。时间久了，他们往往会有种怀才不遇的感觉，不知道问题出在哪里，甚至开始怀疑自己的工作能力。

有没有一种方法可以帮助我们认识自己，做自我分析？

其实不论是做自我分析还是企业竞争分析，都可以使用SWOT分析法，SWOT分析法是基于内外部竞争环境和竞争条件下的态势分析，将与研究对象密切相关的主要内部优势、劣势和外部的机会、威胁等通过调查列举出来，并依照矩阵形式排列，然后用系统分析的思想，把各种因素相互匹配起来加以分析，从中得出一系列相应的结论，而结论通常带有一定的决策性。S（strengths）是优势，W（weaknesses）是劣势，O（opportunities）是机会，T（threats）是威胁。按照企业竞争战略的完整概念，战略应是一个企业“能够做的”（即组织的强项和弱项）和“可能做的”（即环境的机会和威胁）之间的有机组合。

从做自我分析的角度，我更推荐使用SWOCE分析法。SWOCE是从SWOT演变出来的，SWOT的T（威胁）总是让人们联想到负能量，把T更换为正向、积极的C（挑战）和E（能量）两个维度，可以激发人们思考得更深入。

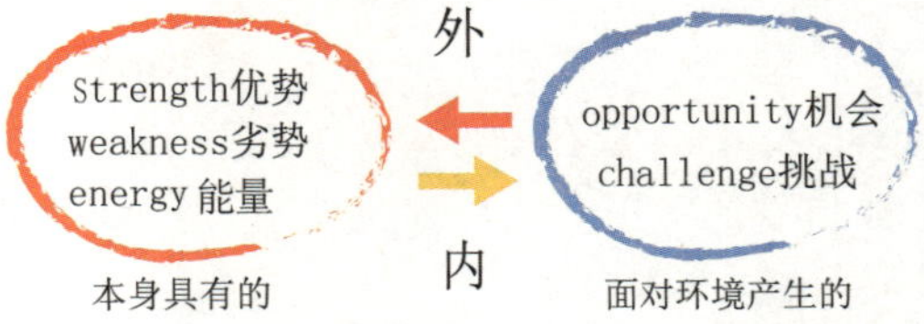

■ SWOCE分析法

如何在思维导图中使用SWOCE分析法做自我分析呢？以下的几个步骤帮助你一步步来完成：

1.中心图：做自我分析时，首先你需要绘制一张自画像，能代表自己的简笔画就可以。

■ 绘制中心图

2.主干大类：围绕自画像展开SWOCE的五个方面，这五个方面就是自我分析思维导图的五个大类。

绘制主干大类

3.细化分支内容：沿着优势去发散联想，即对我而言，我的优势是什么，注意优势和能量的不同。优势是指能在工作岗位上发挥出来的能力，能量是说有这种才能，但工作岗位中不能体现这种才能。思考一下，在工作中你的优势是什么，你的能量有哪些呢？以我自己举例，我的工作是开发课程、讲课，从工作内容这点看，我在教学中积累了丰富的经验，在专业领域有足够的知识积累和实践。比如，我是思维导图创始人东尼·博赞的嫡传弟子，跟随思维导图“华人第一人”孙易新老师学习，在思维导图世界锦标赛中担任副裁判长，已经做了300多场次思维导图企业内训等。这些方面的优势都和我的思维导图教学这份工作紧密相关，所以，我可以把它放入优势中。在能量方面，我有15年的销售及市场工作背景，对市场有着敏锐的洞察力，做了4年读书会，有活动策划经验及带领学员阅读一本书的能力，但这和我培训师的工作关联度不是非常高。因为培训师更重要的是擅长和精通自己专业领域的知识，有足够的经验完成教学任务。

在劣势、机会、挑战三个方面，也可以用联想开花和联想接龙去展开思考。在思考的过程中，我们往往会遇到卡壳的情况，某些地方一下子想不起来，这都是正常的，只管放轻松，自由自在地思考。我自己教授思维导图课程时，常被不同城市的人问是否有线上微课，也有在线教育平台问是否有意向合作微课。这些都属于机会。我每年有多期思维导图管理师认证班，但总有人说："老师，我不需要认证班，但还想系统扎实地学思维导图，请问有没有帮助系统学习的线下课程呢？"那么，开办线下职场精英班也是机会。我还可以把案例搜集起来，汇集成书出版，既能对知识点进行系统化梳理，也能更好地打造个人品牌。

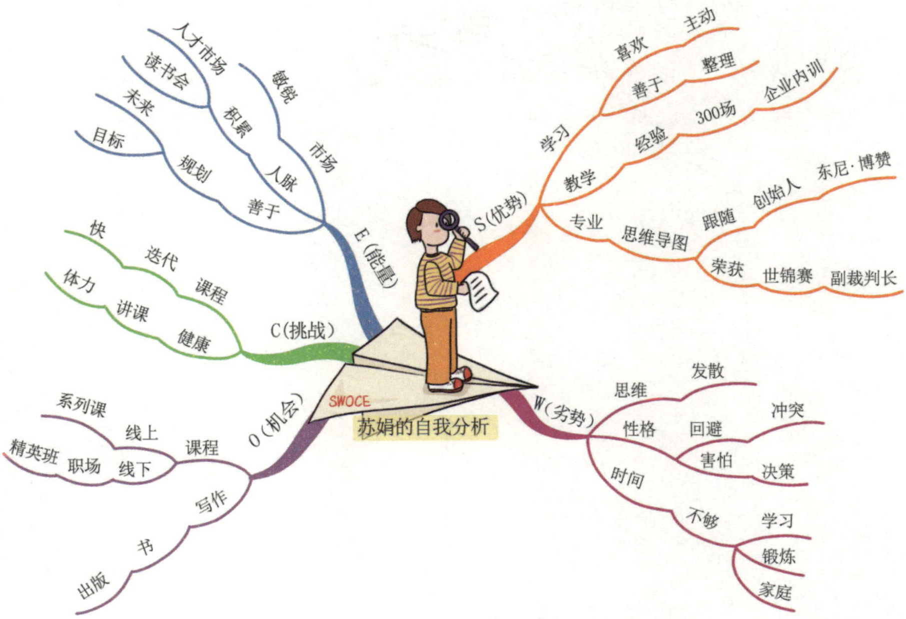

■ 绘制分支

当思维受限的时候，你可以回想一下过往都有哪些成功的经验，从中得到了什么，有哪些失败经验，又从中发现了什么。从这些例子和体验中去寻找、去发现，往往会有意想不到的收获。

4.思考信息之间的关联性

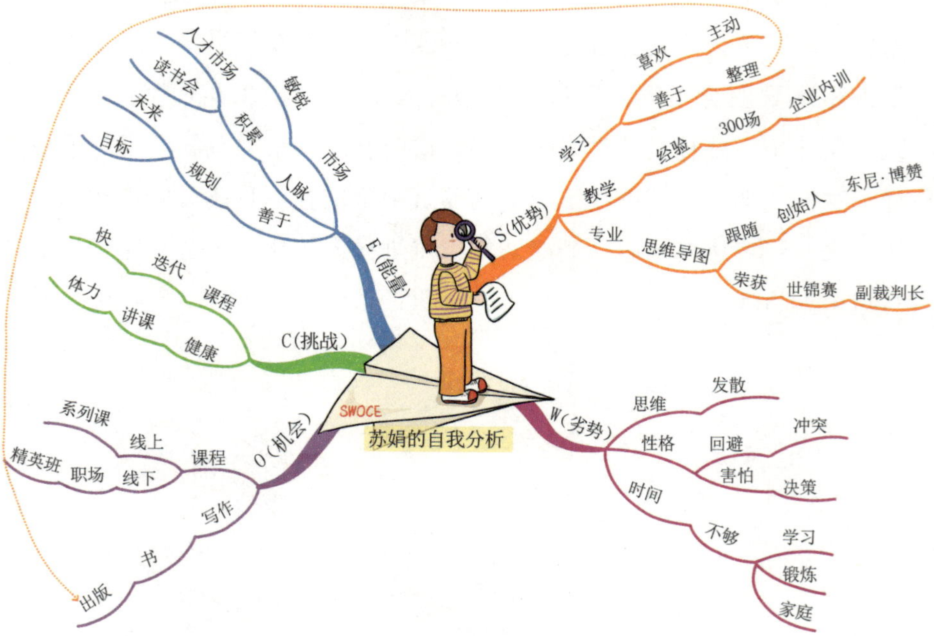

■ 增加关联线

5.重点地方加插图

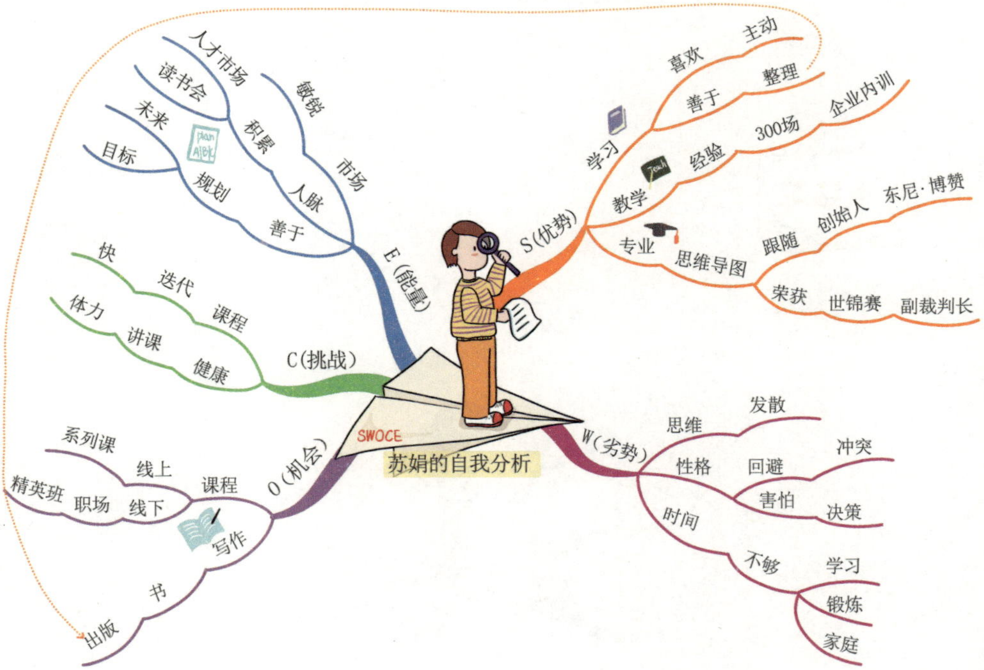

■ 添加插图

纵观整张思维导图，可以进一步思考哪些是需要进一步加强的，哪些是需要重点关注的，哪些是需要认真改善的，未来可以在什么地方多投入一些时间。

用SWOCE分析法做自我分析时，目的在于清楚地呈现自身优势、劣势，明确机遇和挑战，发挥能量。都说人最难的是了解自己，不妨现在就尝试自己动手做一张SWOCE思维导图，来帮助认识自己。

最后，使用SWOCE分析法时，也可以在思维导图绘制完成后，找一位熟悉自己的朋友和你一起看是否在自我分析的时候存在盲点，请朋友帮忙添加他认为需要加上的元素。重点是在优势和能量的地方添加，帮助赋能。

小练习

请你用SWOCE分析法做一张自我分析思维导图。

让思维导图助力时间管理

时间对我们是最公平的，我们每个人每天都是一样的24小时。有人用24小时创造了巨大的价值，有人却觉得一天又一天，空虚又无聊。很多人常说："这件事我也想做呀，可是我没有时间！"你是否可以通过对时间进行管理，告别"忙盲茫"？

我们先来做一个小测试，对照下面五种状态，你若有同感，就在前面打一个钩：

1.我常常忙了一天，却感觉很多事情还没做完。

2.我的工作时常被领导、下属、其他部门的同事打断。

3.我工作时常常忍不住去看一下手机。

4.我买了很多书，收藏了很多微信公众号的文章，却没有时间读完。

5.当领导突然给我加工作量时，我会感到很焦虑。

参考答案：

一个钩都没有，说明你的时间管理做得很不错，再接再厉！

有1到2个钩，说明你的时间管理做得一般，还需要掌握更多方法。

有3到4个钩，说明你每天都在浪费大量时间，很难取得成功。

有5个钩，说明你完全没有时间管理的意识，必须马上改变！

那么，究竟该如何做好时间管理呢？

关于时间管理的工具软件，市面上有很多，如四象限、番茄工作法、晨间日记、九宫格等，此外，还有一些辅助软件，如印象笔记、滴答清单等。近几年也出现了一些文创产品来帮助人们管理时间。管理时间之前，首先要学会思考，对自己而言，要做的事情都包含哪些，真正重要的是什么，自己是否能够把握全局又能统筹安排。时间管理的目的是节约时间，而不是简单地记录事件花费的时间，让自己更加忙碌。

我们每天都在和时间打交道，思维导图在时间管理中的应用频率很高，利用思维导图来管理时间，能让我们把控全局。在对待办事项进行分类整理后，我们还能进一步思考，哪些事项最为重要，这些事项之间是否有关联。

我经过多年的个人实践，总结了一套具体的方法和流程，现在分享给大家。“你如何过一天，就如何过一生”，这里我以一天的时间管理为例，说明用思维导图做时间管理的五个步骤。

第一步：收集和分类

这里包含两个小步骤：收集和分类。收集就是把占据大脑空间的事情写下来，这是第一步，也是非常重要的一步。为什么把事情全部写出来非常重要？先来做一个小测试：我写出几个动物，你看过一遍之后闭上眼睛，在你脑子里按照动物的个头从大到小排序，请开始。

蜻蜓、狗、青蛙，很容易，对吧？请继续第二组。蜗牛、大象、猫、狗、考拉、蚂蚁、兔子，很吃力，对吧？为什么三种动物时挺轻松，七种动物时就费劲了呢？因为我们大脑短期记忆的容量是有限的，对于电脑来说，三种还是七种并没有什么区别，可人脑就不同了。我们常说，大脑擅长思考，而不是记忆，收集的目的是不让这些事情长时期占据着大脑，因此，写出来这一步非常重要，也是基础的一步。这么做是为了腾出大脑记忆的空间，避免丢三落四。

刚刚这个测试需要用到的是大脑的“工作记忆”功能区，和我们平时安排事情用的功能区一样，它的容量有限，这还只是七种动物比大小，还算简单的呢。如果我们想要把数十件抽象的事情安排在同一天，这靠大脑随便想想是不可能完成的，往往想着想着就走神了，然后就玩手机，所以一定要写下来，列出来，让自己时刻看得见。

那么，具体要写下哪些事情呢？要把所有想做、要做、必须做的事情统统写下来。以我5月4日的安排为例：

■ 用思维导图做日程安排

具体步骤如下：

1.拿出一张白纸，纸张横放，先简单地绘制中心图（由时间你能想到哪些？比如想到日历，那么以日历为中心图，加上当日的时间）。

2.开始收集信息，在记录的过程中，需要注意以下两点：

（1）内容尽量具体化，比如“读书《极简思考》”，好过“读书”，因为大脑更喜欢执行具体的指令。

（2）使用思维导图的一线一词，便于打开思维的活口，比如下图左边的好于右边的。因为当天如果再想增加一本想要阅读的书，就可以在“读书”后面及时填补。

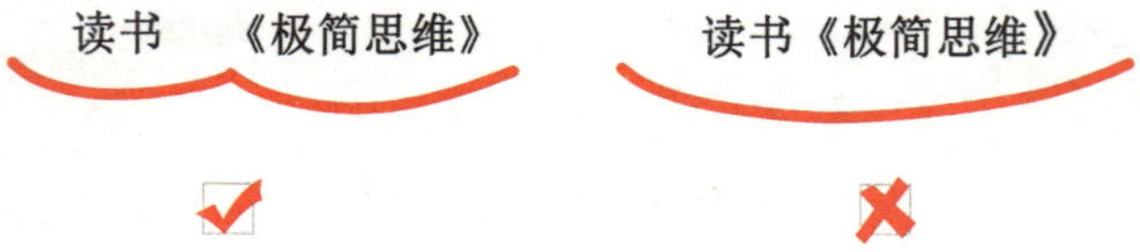

3.全部列好之后，就可以开始做分类。分类关键在于看清时间分布在哪些项目上。比如可以把刚才发散出来的部分归纳为三大类：工作、健康和读书。

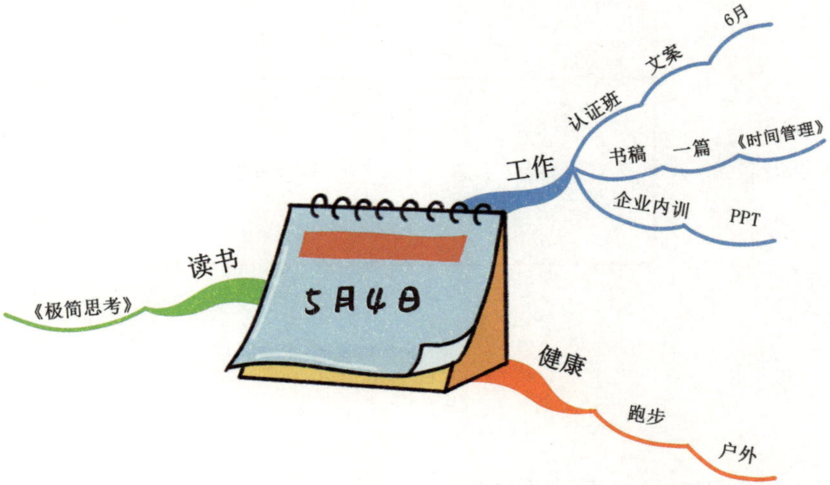

第二步：排序（找出重要的事情，列出优先级）

排序的目的在于搞清楚重要事项，避免将时间消耗在并不重要的事情上。有一句话说得好："人生不在于完成多少事，而在于把真正重要的事做到极致。"人生往往只有几件关键的事情，能真正改变我们的命运。

什么是重要的事情？这个因人而异，不同人有不同的追求和价值观，所以没法统一标准。在这里，我用大家熟悉的四象限法做示范：

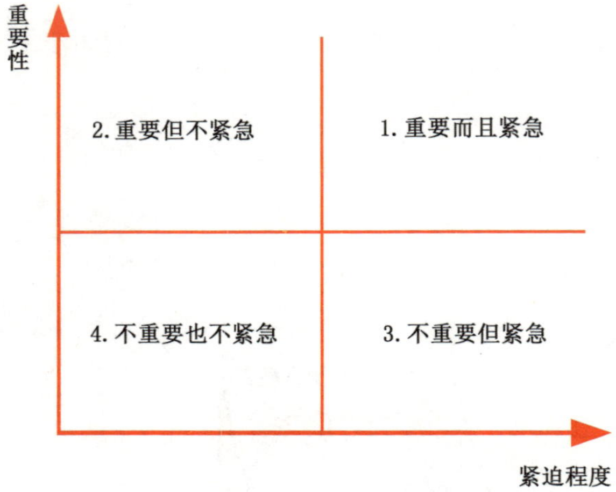

■ 四象限法

让我们具体分析一下这四个象限法吧。

第一象限：重要且紧急。这一象限的事项需要立即去做，是压力的来源。它有明确的时间性，如认证班6月文案、企业内训PPT。

第二象限：重要但不紧急。这一象限的事项需要有计划地去做。我们该将时间投资于第二象限，不能因为它不紧急就不去处理。我们应该在第一时间对它进行分解，并且制定时间表。如写书、运动等假如不重视，就会发展成重要且紧急的事情。

第三象限：不重要但紧急。我们应该清楚地认识到，第三象限的事项是我们忙碌且盲目的源头。这个象限的事项最好放权给别人去做。

第四象限：不重要也不紧急。尽量别去做，这是一个用于缓冲调整的象限，当你疲惫的时候，可以通过做这个象限的事项来调整心态，但不要在这个象限投入过多精力，否则就是在浪费生命了。

试试看，你能否把当天罗列出的事情排进四个象限中？

当然，四象限法只是判断优先顺序的一个参照，思维导图时间管理的模式是先扩散思考（列出所有），再收敛思考（找到真正重要的并排序）。这里所涉及的时间管理是协调组织使用时间的事项。以下是我个人的事项排序：

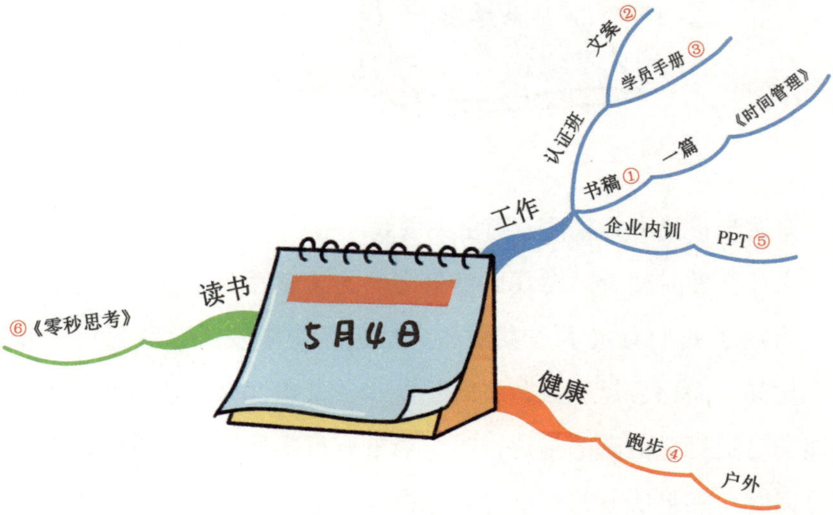

第三步：分配时间（给重要的事项标注上时间）

优先给重要的事项分配好时间。我们的压力常来自重要的事情毫无进展。而提前把重要的事情挑选出来，并分配好时间，有利于集中精力完成那些最重要的事情，避免出现“盲茫忙”的状态和挫败感。

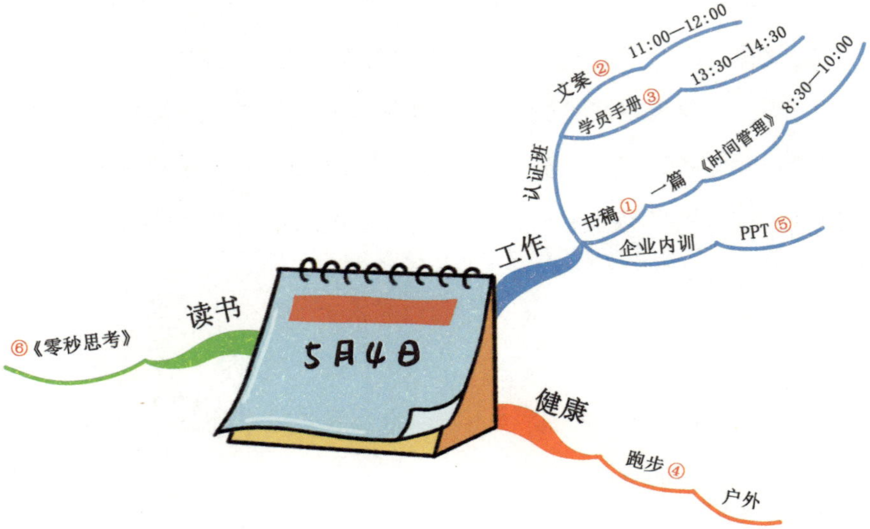

第四步：找出关联性，画出关联线

为什么做时间管理时找出信息之间的关联性会比较好？这么做的话，有助于我们对接下来要做的事情进行统筹安排，并做进一步思考。比如，5月4号这一天，我既想跑步，又想读书，这两件事情看似不能同时进行，但真的是这样吗？当下有很多种读书的方式，除了看还可以听，如果所看的书已经在听书平台上架，那么就可以边跑步边听书。这时候在思维导图中可以通过画联线的方式，将读书和跑步连接起来。

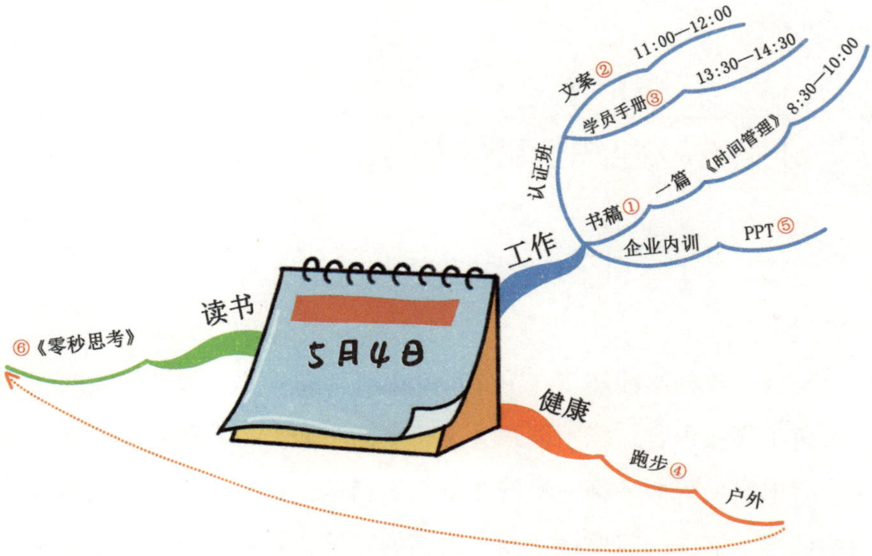

先思考后行动，可以帮助节约时间，提升效率。

第五步：回顾检查

这一步建议在一天结束之前，在思维导图的时间管理项目上打钩，如果打的钩比较多，那么就总结经验；如果比较少，则需要发现问题，进一步提升做计划的能力。所谓“早计划与晚反思”，就是这个道理。

用思维导图做时间管理的五步法，你学会了吗？

让思维导图助力高效阅读

我们经常有这种经历：读完一本书时的感受非常棒，但被问到这本书讲了哪些内容，能不能跟大家分享的时候，却发现说不出来。好像是有内容，但似乎都一股脑儿挤在大脑里，乱成一团；又或者看到后面就忘了前面，需要张口复述内容的时候，就更加难以通过语言将其完整地表达出来。

还有一种情况是当我们读书划重点和摘抄的时候，觉得作者讲的好多话都很有道理，笔记本上写得密密麻麻的，最后我们发现学得越多，忘得越快，也很少再翻看那些笔记。知识更新的速度越来越快，“抄写员”式的学习方式已无力应对。学习是新旧知识建立记忆联系的过程，我们不仅要学习新知识，更要在学习的过程中主动构建属于自己的知识网。

阅读的最终目的，是将学到的知识应用到自己身上，让生活变得更加美好。

阅读不仅仅是识字，读完内容，还需要我们站在高处去厘清书中内在的逻辑关系，抓住重要信息。更进一层的阅读是能让新知识和自己已有的知识、经验发生碰撞，产生新的联结，最后将所学的知识运用到自己的身上，通过不断实践，让生活发生改变，让人生变得更加美好。

以下是关于阅读理解力的金字塔图形，越往上层次越高。

■ 阅读理解力的金字塔图形

第一层次：基础阅读，看完内容，掌握字词意思，这个部分只要识字就可以。

第二层次：理解逻辑，把握重点。除了知道内容外，还能抓住作者想要表达的重点，厘清重要信息之间的逻辑关系。比如知道一般性事件发生的关键要素是5W2H（what、why、who、when、where、how、how much），即“做什么、为什么、何人做、何时、何地、如何做、多少”，或者起因、经过、结果等。这个层次中，通过绘制思维导图的方式，如果能复述出原本内容，就说明阅读的效果不错。

第三层次：和自己的旧知识产生联结，形成自己的独特见解，让自己的新旧知识、经验之间碰撞联结，能理解阅读的内容和自己的关系，不是简单地重复原文的内容。这一步的重点在于思考阅读的内容和自己的关系，形成自己的观点。

第四层次：应用所学，不断实践，改变原有的生活方式，让生活变得更加美好。把阅读所学到的内容以及自己的独特见解融入工作、学习、生活中，使人生因为新知而改变。

由此可见，第一、第二层次更多地强调作者说什么，原文讲什么；第三、第四层次更多地关注阅读和自己的关系，可能是思维上的碰撞，也可能是行为的改变。第一、第二层次更重视的是输入，第三、第四层次更多的是强调输出、转化。

运用思维导图阅读法，通过明确重点的大类，抓取关键词的方式，在关键信息之间建立记忆联结，最终使我们的阅读理解力得到提升。同时，在使用思维导图的过程中，我们的新旧知识之间更容易产生碰撞，从而产生自己的思考。

如何掌握思维导图阅读法？主要注意两个方面：一方面是掌握思维导图阅读法的四个步骤，加工原文信息，把线性的文字或语言变成思维中的网状结构，使记忆更加牢固，更加系统化。这也是阅读理解力金字塔图形的第一、第二阶段。另一方面是在前者的基础上更进一步，把自己在阅读中产生的思考记录在阅读的思维导图上，让新知识和自己的旧知识发生联结，产生新的心得。

再来看一下思维导图阅读法的四个步骤，这四个步骤也被称为思维导图的关键词笔记法。分别是：

1.通读全文，确认核心主题。

2.确认大类，也就是将阅读的信息归纳为几个意义段。通常，原文的内容可按段落大意分为自然段和意义段，而思维导图阅读法强调的是意义段，意义段不等于自然段，这点需要明确。

3.筛选出关键词：在找出每个意义段的基础上，挑选出关键词。

4.构建思维导图：根据关键词的逻辑关系，以及思维导图的绘制步骤，完成思维导图的构建。

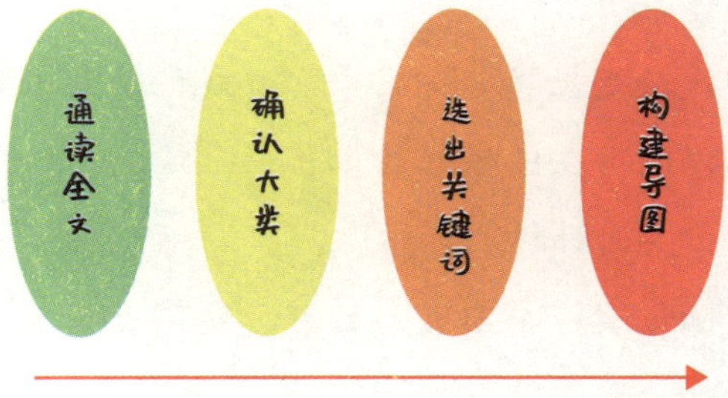

■ 思维导图阅读法的四个步骤

以下面这篇选段为例，来说明思维导图阅读法是如何应用的。

【阅读选段】

1.领导的核心驱动力

“领导”和“管理”是不同的。二者之间的区别之一就是核心驱动力不同。

管理的核心驱动力是“怕”。员工怕老板，担心做事情做不好，担心完不成KPI，这样带来的后果是工作往往没有创造性，也没有责任感，长此以往，还会导致团队不和谐。

和管理不同，“领导”的核心驱动力是尊敬和信任。员工对老板有着充分的尊敬和信任，相信跟着老板能成大事，才会真正投入工作之中，尽心尽力。

用怕来驱动团队，这种行为就叫作“管理”；而用尊敬和信任来驱动团队，就叫作“领导”。二者的性质有显著的区别，所带来的结果也完全不一样。

2.领导力的塑造

如何打造团队中的尊敬和信任？可以参照游戏的四个维度进

行领导力塑造。

在《游戏改变世界》一书中，游戏被总结出四大特征。这四个特征也可以运用在领导力上。

特征一：共同目标

要给团队设置一个宏大的目标，使得大家集体向目标前进，形成凝聚力。

特征二：及时反馈

要对员工的行为做出灵活、准确、有效的反馈，让员工有参与感，进而产生价值感。

特征三：清晰明确的规则

要为工作设置明确的规则，让所有人有章可循、有规可守，打造公平环境。

特征四：自愿参与

要尊重员工的意愿，培养员工参与工作的自觉意识，推动工作进程。

有了这四个特征，工作对于员工而言就不再是压力，而是能够乐在其中、创造价值的事业。

接下来，我们按照这四个步骤，一步步完成思维导图的绘制。

第一步，通读内容，确认核心主题。

理解文章的核心思想是第一步，明确作者的主旨观点，抓住表述的核心内容。核心内容有时候在原文中就能直接找到，有时需要用自己的语言归纳提取。

通读内容是第一步，在这个环节不需要逐字逐句、一字不落地斟酌，可以通过快速浏览的方式阅读全文。这个步骤的主要目的是把握全局，找出内容的核心主题来。

通读后，我们提炼出的核心主题是领导力，因为整个内容都是围绕领导力这个主题展开的。

绘制过程一：拿出一张A4白纸（信息量足够多时可以使用A3纸张），建议初学者从内容较少的文章段落开始练习。这篇文章使用空白的A4纸练习，将纸张横放，在纸张正中央位置，根据主题表达的含义绘制中心图。

第二步，我们需要去看一下，原文内容讲了哪几个大类。

这一步厘清文章的结构层次，和中心主题一样，大类的关键词有的原文中非常明确，有时候则需要我们自己去概括归纳。

比如这篇文章可以分为两个大类，分别是核心驱动力、领导力塑造。

绘制过程二：围绕绘制好的中心图往外呈放射状延伸出不同主干，主干即文章的大类，有几个大类就有几个主干，主干的线条由粗到细，同时在绘制主干时使用不同颜色做类别的区分。主干绘制的顺序一般为顺时针方向，右边一点钟方向为第一个主干内容。在主干上写上大类的信息，注意使用关键词，关键词的长度等同于主干的长度。

第三步，明确大类后，筛选出关键词，也就是甄别出在每一个大类主干下的重要信息是什么。

比如这里的关键词是蓝色的文字：

1.领导的核心驱动力

“领导”和“管理”是不同的。二者之间的区别之一就是核心驱动力不同。

管理的核心驱动力是“怕”。员工怕老板，担心做事情做不好，担心完不成KPI，这样带来的后果是工作往往不只没有创造性，也没有责任感，长此以往，还会导致团队不和谐。

和管理不同，“领导”的核心驱动力是尊敬和信任。员工对老板有着充分的尊敬和信任，相信跟着老板能成大事，才会真正投入工作之中，尽心尽力。

用怕来驱动团队，这种行为就叫作“管理”；而用尊敬和信任来驱动团队，就叫作“领导”。二者的性质有显著的区别，所带来的结果也完全不一样。

2.领导力的塑造

如何打造团队中的尊敬和信任？可以参照游戏的四个维度进

行领导力塑造。

在《游戏改变世界》一书中，游戏被总结出四大特征，这四个特征也可以运用在领导力上。

特征一：共同目标

要给团队设置一个宏大的目标，使得大家集体向目标前进，形成凝聚力。

特征二：及时反馈

要对员工的行为做出灵活、准确的、有效的反馈，让员工有参与感，进而产生价值感。

特征三：清晰明确的规则

要为工作设置明确的规则，让所有人有章可循、有规可守，打造公平环境。

特征四：自愿参与

要尊重员工的意愿，培养员工参与工作的自觉意识，推动工作进程。

有了这四个特征，工作对于员工而言就不再是压力，而是能够乐在其中、创造价值的事业。

如何“自我检查”关键词呢？快速重新看一遍自己标注出来的关键词，看是否仅凭关键词就可以组织出相对完整的内容，如果可以，就是有效的关键词。

绘制过程三：标出大类后面的关键词，找出关键信息。

第四步，根据找出的大类和关键信息、关键词，构建出思维导图。

注意，思维导图在绘制出主干、支干后，可以进一步思考信息之间是否存在关联性，如果有，可以加上关联线。然后再看一遍，在这张思维导图上需要加强记忆或重点理解的信息有哪些，在你认为特别重要的地方加上小插图。

■《领导力》思维导图

小技巧：

1.当原文信息量比较大的时候，一个段落或者一个章节都可以是独立的一张思维导图，之后可以把章节或段落的思维导图变成一张整文思维导图的分支。

2.在绘制思维导图的过程中，先通读全文，先见林再见树，确认核心主题和明确大类，之后根据重要信息构建思维导图，而不是先把字写好，然后连线，或者是先画线条，然后填字。

3.同一个章节，不同思维导图的绘制者得出的结果可能不一样，这跟绘制者本身的知识量和经验有关。背景不同的人截取的关键词可能有很大的差别，但最终思维导图本身还是为绘制者服务的。

通过这个案例我们可以得出结论，用四个步骤加工原文信息，主要是抓关键，建结构。那么，将旧知识联结新知识，产生新的思考，和原文信息一起绘制出来的思维导图，是什么样的呢？下面以《商业的本质》这本书的思维导图为例。

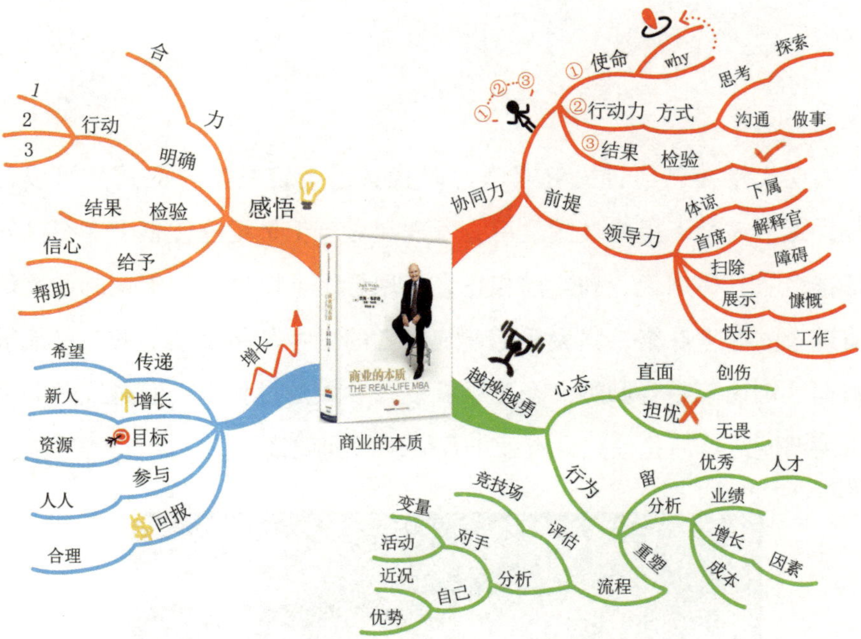

■《商业的本质》思维导图

这张思维导图增加了“感悟”这个分支，是因为书中的知识引发了绘制者新的思考。这一分支可为绘制者个人所用，并指导绘制者的实践，让他的生活变得更加美好。

用思维导图做听记笔记

现代社会已经进入终身学习时代，而听记是学习的重要组成部分，很多人学了思维导图之后，发现在做听记笔记这件事上变得高效了很多。具体来说，和之前相比，使用思维导图做听记笔记既能厘清演讲者的思考脉络，紧紧跟随着演讲者的思考脉络发散展开，又能够根据关键内容整合归纳。在思维发散和收敛的过程中，通过线条和逻辑关系厘清、简化信息，有助于我们理解和记忆。

做思维导图的听记笔记有哪些优势呢？我给大家总结了三点：

1.做思维导图听记笔记，让注意力更加集中

同步做思维导图听记笔记要求我们在上课的时候全神贯注，因为绘制思维导图的过程要沿着演讲者的思考脉络抓重点、建结构，手脑并用，很难分神。我们需要一边听，一边让自己的思维跟着演讲者走，否则，一不留神，信息就可能缺失。用思维导图做听记笔记，能锻炼我们快速捕捉信息的能力。

2.能够帮助我们更好地理解信息，同时在结构化的逻辑关系上，使用思维导图方式添加信息更加灵活自由，延伸性也更强

做听记笔记的目的在于更好地理解所学内容，在绘制听记笔记时，需要思考信息间的逻辑关系，遇到跳跃性的信息或和自己的想法产生碰撞的信息时，可及时添加线条和补充关键词，及时捕捉灵感。

3.节约复习回顾的时间，使记忆更牢固

在学习的过程中，如果忙于做非常详细且信息庞杂的笔记，只为记录下来，待到学习结束后再继续学，并不一定是有效的学习方法。思维导图的听记笔记一般在现场就需要完成信息的整合和加工，在听记的时候就能梳理知识点，同时又能在绘制思维导图过程中清楚地知道哪些是重点，哪些是难点。一般而言，如果听到与已有知识很接近的内容，做思维导图听记笔记会相对容易；如果知识点是生涩难懂的，在抓脉络理关系的时候就会困难一些。

在复习回顾时，思维导图的听记笔记在一定程度上能提升复习效果，节约复习时间。这是因为思维导图本身就已经通过抓取关键词的形式简化了信息，同时又在关键信息之间建立了记忆联结。

记忆的反面是遗忘，德国心理学家艾宾浩斯（H.Ebbinghaus）曾提出了著名的遗忘曲线，描述了人类大脑对新事物遗忘的规律。人们可以通过遗忘曲线掌握遗忘规律，从而提升记忆能力。遗忘曲线理论的提出对人类记忆认知研究产生了重大影响。

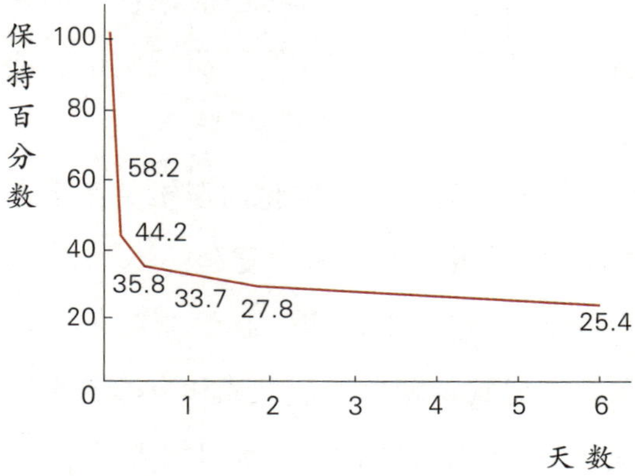

时间间隔	记忆量
刚刚记忆完毕	100%
20分钟以后	58.2%
1个小时后	44.2%
8-9个小时后	35.8%
1天后	33.7%
2天后	27.8%
6天后	24.5%

■ 艾宾浩斯遗忘曲线记忆保有量

这条曲线告诉人们遗忘是有规律的，遗忘的进程很快，并且呈现出先快后慢的趋势。通过观察曲线，你会发现，如不抓紧复习，学到的知识在一天后就只剩下原来的25%。随着时间的推移，遗忘的速度减慢，遗忘的数量也慢慢减少。有人做过一个实验，让两组学生学习同一段课文。甲组在学习后不复习，一天后记忆率是36%，一周后则只剩13%。乙组按艾宾浩斯遗忘曲线规律复习，一天后保持记忆率98%，一周后保持86%。乙组的记忆率明显高于甲组。

既然运用思维导图做听记笔记好处这么多，我们该如何在听记过程中使用思维导图呢？

首先，我们要有一个认识，和读书笔记相比，做听记笔记的难度更大。因为做听记笔记的信息停留时间短、速度快，思考的时间也随之变短，这就需要我们抢时间去抓取关键信息，建立逻辑关系。所以，在做听记笔记时，建议大家先从熟练使用思维导图做文章笔记开始。关于如何利用思维导图记读书笔记，上一章节已写到，这里不再赘述。

接下来，跟大家分享做思维导图听记笔记的方法。

1.运用思维导图做听记笔记的难点在于要和时间赛跑。因此，提前做好准备就显得很重要。当我们做听记笔记时，最好提前了解内容主题。

2.我们可以把主题和内容作为思维导图的中心主题和主干大类，这也是做思维导图听记笔记时最基本、最常见的一种方式。

3.我们知道，在思维导图中，主干大类决定大方向，那么听记笔记的思维导图中，将内容划分为主干大类的方法有哪些呢？一般有三种，分别是：时间顺序、内容顺序和自己的学习需求顺序。

做思维导图听记笔记不是简单地记录知识点，而是在信息之间建立各种记忆联结。那么，怎样建立这些记忆联结呢？这里给大家提供三点建议：

1.从演讲者提供的线索中找联系。在听讲的过程中，我们可以用思维导图记录演讲人的演讲思路，把零碎的“珍珠”串成“项链”，分组块建立联系，这样可以减低认知负荷，把零碎的知识加工成整体。

2.主动思考，在新知识之间建立内在的联系。这需要在听讲的时候主动发现知识内在的联系，还原内在的结构。

3.在新旧知识之间建立联系。学习新知识的时候，我们常会发现和自己旧有的知识之间存在一定的联系，在听记时，要及时把自己的理解记录在思维导图中，在新旧知识之间建立联系。

那么，该怎么训练自己制作思维导图听记笔记的能力呢?

我的建议是，可以先在网上找比较优质的演讲视频，内容不用太长。优质视频的好处在于语言简练、结构清晰，带有一定的故事感，比较引人入胜，本身也是很好的学习材料。使用这类视频进行训练的优势还在于听记笔记完成之后可以回放确认，帮助我们进一步完善思维导图听记笔记的内容。

利用演讲视频进行思维导图听记笔记的训练时，建议第一遍先完整地听完，快速抓取记录关键词，构建思维导图。由于播放速度较快，可以先绘制一张草图，之后再根据草图回忆添加，完善内容。在完善的过程中，你会发现，有些地方回忆不起来，有些可能关联不上，再次播放的时候就可以根据需要填补的地方重点记录，再次加工完善。

这里以网易云课堂中TED的一篇演讲《生活不仅仅只有快乐》为例，给大家展示用思维导图做听记笔记的过程：

第一步：第一遍快速听完，抓取重点，建结构。这一步可以用草图完成。

第二步：根据草图内容通过回忆再整理一遍思维导图，也就是在第一步的基础上去添加、补充，尽量完善。

第三步：如果可以回放，再对照第二遍完善补充。

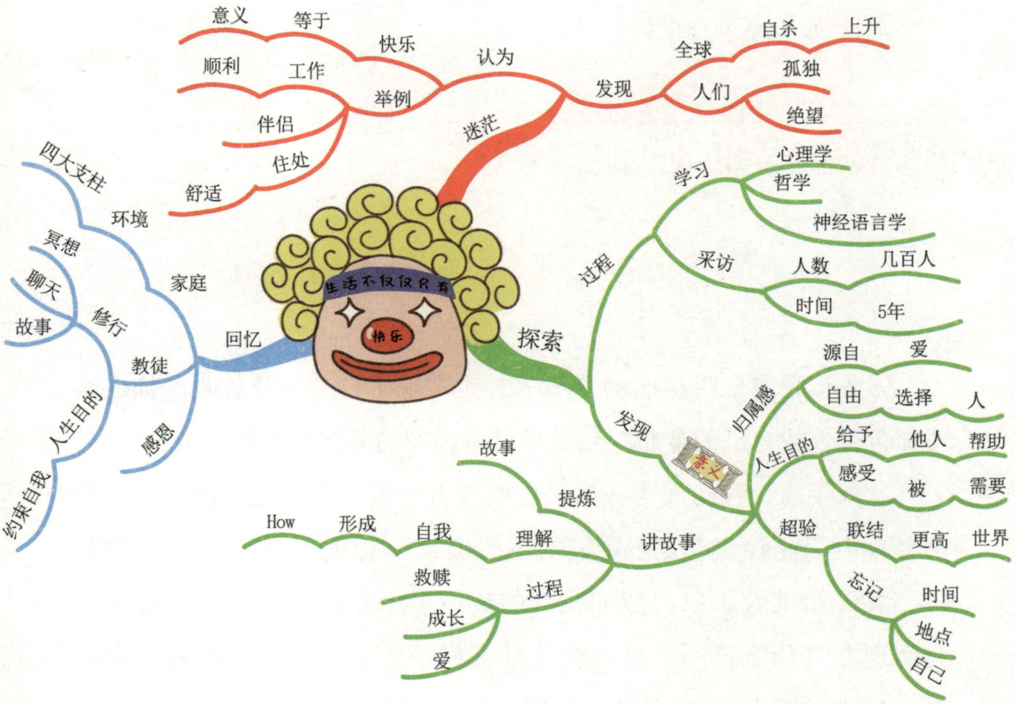
生活不仅仅只有
快乐
迷茫
认为
快乐
等于
意义
举例
工作
顺利
伴侣
住处
舒适
发现
全球
自杀
上升
人们
孤独
绝望
回忆
家庭
环境
四大支柱
教徒
修行
冥想
聊天
故事
人生目的
约束自我
感恩
探索
过程
学习
心理学
哲学
神经语言学
采访
人数
几百人
时间
5年
发现
意义
归属感
源自
爱
自由
选择
人
人生目的
给予
他人
帮助
感受
被
需要
超验
联结
更高
世界
忘记
时间
地点
自己
讲故事
提炼
故事
理解
自我
形成
How
过程
救赎
成长
爱

■ 用思维导图做听记笔记

让思维导图助力人生梦想

你还记得自己年少时的梦想吗？你实现了自己的梦想吗？抑或是还在苦苦寻找自己的梦想？还是早已将曾经的梦想搁置在一旁？

七八年前，我想成为一名自由职业者，可在当时的情况下，成为一名自由职业者几乎是不可能的事。但这个想法一直萦绕在我的脑海，我开始试着想象：假如我真的成为一个自由职业者，我的生活会和现在有什么不同，具体会是什么样子？那些现实中的自由职业者，他们的现状是什么样子的呢？如果我想要实现这个愿望，我应该做些什么？

现在，我真的成了一名自由职业者，多年前不断设想的生活场景，在我的努力下都已经梦想成真。

■ 成为自由职业者，在自己的书房里写作也是我的梦想之一

在实现梦想的道路上，我常常被问到这样两个问题：

- 我要如何才能找到属于自己的梦想？
- 找到了以后，我该如何一步步去实现它？

1.我要如何才能找到属于自己的梦想？——没有梦想，就没有办法实现梦想。

人无法超越理想中的自己，那些奥运冠军在走向领奖台，领取金牌之前，内心一定有着强烈的夺冠的信念，不会有随便参加练习、参加比赛，一不留神就成了世界第一的人。那些有所成就的人，一定对成功抱有强烈的渴望，这种渴望激励着他们从众多人中脱颖而出。

有人说，我很羡慕有梦想的人，但我还没有找到自己的梦想，怎么办？可以先停下来想一想，有没有你特别欣赏甚至崇拜的人，去观察他的生活、思想及世界观，可以从看他的书或听他的演讲、故事开始。或者以终为始，想象自己80岁的时候，如果用三个关键词来形容自己，会是什么？

又或者，在一个安静的地方，拿一张纸和一支笔，主动写下内心真实的想法。写的时候，不必管那些目标该用什么方式去实现，就是尽量写，直到觉得没有什么可以写的时候，你可以看看下面几个问题并回答它们。这些问题会引导你去了解自己内心深处的渴求，这会花一些时间，但这一步会为你实现梦想打下基础：

（1）你认为哪五件事情最有价值？

（2）你有哪三个最重要的目标？

（3）假如你只剩下6个月的生命，你会在这6个月做些什么？

（4）假如你已经实现财富自由，在哪些事情上你的做法会和今天的不一样？

（5）哪些事是你一直想做，但却不敢尝试去做的？

（6）假如你确定自己不会失败（拥有充实的时间、资源、能力等），你最想做哪件事？

回答完这些问题后，把你的答案分成五类，如健康、知识技能（学习）、爱情（家庭）、人脉社交、事业财富。然后尝试着把这些问题的答案接在主干后面的分支上：

■ 思维导图助力实现人生梦想

实现梦想是创造的过程，如果你不花时间来创造自己想要的生活，你就会花费大量的时间来应付自己不想要的生活。既然如此，不如多花点时间与自己对话，了解自己内心真实的想法，找到自己的梦想，并下定决心去实现它。

2.找到梦想以后，我该如何一步步去实现它？——可以借助思维导图细化完善，让梦想更具体。

为什么建议使用思维导图做人生梦想版图呢？

思维导图好比大脑里的思维地图，能使杂乱无章的想法变得清晰，思维导图还能激发我们思考，让我们在思考的过程中不断细化、完善内容，让想法完全被展现出来。在思考的过程中，我们可能会不断地问自己：这真的是我想要的吗？什么对我来说是最重要的？我要朝着我的理想人生迈进吗？绘制思维导图的过程，也是我们发现自己、了解自己的过程。。

使用思维导图绘制人生梦想，可以参照上文提到的健康、知识技能（学习）、爱情（家庭）、人脉社交、事业财富这五个方向，将其作为主干。

当然，参考归参考，你也可以借助九宫格打开只属于自己的梦想版思维导图的大门：

■ 利用九宫格思考人生方向

该从哪些方向入手？不同的人填上去的内容不同，大概有以下这些：家庭、健康、事业、知识学习、人脉社交、娱乐、理财、冒险等。

为了更好地实现目标，我建议你在做人生梦想的思维导图时，最好是聚焦在5～7个方向，甚至只聚焦在3～5个方向。方向越多，精力就越分散，越聚焦越有利于完成目标。

有了梦想版思维导图的指引，接下来就需要以终为始，把目标分解到接下来这一年中，放眼未来，着眼当下，逐步细化并实现目标。每年设定的年度目标，要为人生梦想服务。年度目标和人生梦想最好具有较高的一致性。

梦想版思维导图，能将人生梦想具象化。实现目标离不开每日践行。有想法的人比比皆是，能真正践行的却寥寥无几。我们还需要把年度目标再进一步拆解为月度目标、周目标甚至每日计划。只要我们脚踏实地，完成每一天、每一周、每一月、每一年的计划，终有一日会实现人生梦想。

3.给追寻梦想的你的一些建议。

（1）绘制思维导图的时候，仍要不断思考：我到底想要什么？什么对我最重要？我要怎样朝着理想人生迈进？

（2）每天都要拿出时间来实践，每天都要抽出一点时间思考，着眼当下，一步一个脚印。

（3）不断总结、改进，唯有如此，才能遇见更好的自己。海明威说："真正的高贵应该是优于过去的自己。"三五年之后，随着自身的成长，我们对人生的规划也可能会有新的变化，这时候，需要我们站在更高的维度去重新思考。

用思维导图做创意思考

管理大师彼得·德鲁克（Peter F. Drucker）说：“不创新，即死亡。”职场上，有的人因为创意十足，工作用心又努力，短短几个月就能得到提拔；也有的人因为长期因循守旧，跟不上时代变化，最终被无情淘汰。我们都知道有创意很重要，那什么是创意？到底怎样才能跳出禁锢的思维，让想法更灵活、更有弹性、更加富有创意？

关于创意的定义，博学多才的广告大师詹姆斯·韦布·扬说：“创意是旧元素的新组合。”他以其特有的大智慧、大创见，从宏观和微观两个角度来分析事物，洞悉事物的“大画面”，将不同事物连在一起，加以重新组织，构成了他那历久弥新的广告原理。

2012年，“天与空”四位创始人之一的肖坤，为A.O.史密斯太阳能热水器打造了一个“不一样的日光浴”体验装置。当人走进体验装置内，就能感受到阳光像水一样洒下来，仿佛沐浴。这个装置获得了2012年戛纳国际创意节的金狮奖。阳光与花洒都是旧元素，结合在一起就组成了新创意。

当我们缺少新的想法时，不妨试着借助外界刺激物，运用思维导图的自由联想，或许在某个不经意的瞬间，新的想法就会迸发出来。

利用思维导图做创意思考，可以按照以下步骤进行：

1.确认一个待解决的焦点问题。

2.随机抽取一张有画面感的图片，也就是外界刺激物。

3.围绕这张图片展开联想和想象，可以想到功能、特征，以及与之相关联的人、事、物、地等，可以从多角度挖掘，注意尽量避免陷入一种思考中。

4.把多角度挖掘的信息与待解决的焦点问题进行强关联。

接下来，我跟大家分享一个实际应用案例，也是我在企业培训过程中用随机抽取图片展开的联想和想象解决实际问题的例子。

- 待解决的焦点问题：如何提升公司品牌知名度?
- 随机抽取的图片：大象。

■ 思维导图创意思考呈现

案例解析

由大象想到迁移，由迁移想到大雁。由于大雁在迁移过程中一会儿排成“人”字形，一会儿排成“一”字形，想到了“人”这个关键词，又由人想到了明星，这时候就和焦点问题挂上钩了，即可以请明星代言。例如，由大象想到盲人，由盲人想到公益，于是又和焦点问题挂钩，即通过公益活动提升公司品牌知名度；由大象想到卡通，由卡通想到logo，由logo想到设计，于是想到可以设计一个专属的企业logo；由大象想到智慧，因为大象是记忆力非常好的动物，再由智慧想到比赛，由比赛想到证书，这里又和焦点问题“如何提升企业品牌知名度”挂钩，可以通过举办赛事并颁发证书的形式，提升知名度。

当看到这里的时候，你会发现，思维导图的联想开花和联想接龙能够帮助我们发散思维，多角度思考，并且把联想到的信息进行关联，产生新的想法。

当然，在这个过程中，需要注意的是：既然是创意思考，就尽量避免所想到的是过去已知的内容。对于创意而言，联想力或想象力丰富与否首先在于你选取什么元素进行组合，你的头脑中是否有足量的旧元素，这取决于你的视野、经历和知识面。创意思考可以一个人完成，也可以多人完成。多人完成的过程，也是互相激发创意思维的过程，往往更有新意。

比如，以下是我们思维导图管理师认证班给思维导图做的一个广告语的案例，就是采用多人合作的形式。小组成员的知识、经验一起碰撞，最终创作出了一个非常棒的广告语。

■ 用思维导图激发广告创意

案例解析

大家拿到的图片是香蕉，于是小组的伙伴们就沿着香蕉展开联想。有的人想到猴子，就沿着香蕉画出主干，关键词是“猴子”，也就是第一分支；有的伙伴想到黄色，有的想到健康，还有的人想到月亮、快乐，于是主干的五个分支就出来了。有人由猴子想到聪明，聪明想到灵敏，灵敏想到了敏捷。注意，这个时候如果很难再接下去，或者思维卡住的话，就可以跳到其他分支上去联想。比如“黄色”的分支，由黄色想到太阳，由太阳想到传播，由传播想到阳光，当然由黄色想到的不只是太阳，还有温暖，就可以在“ 黄色 ”后面接出一个与“太阳”并列的分支。

在小组伙伴围绕同一信息展开创意联想时，遵循以鼓励为主、不评价不判断的原则，想到了新的关键词就可以随意接上去。由于大家的知识背景、经验不同，小组协作往往能够让创意无限发散、火花四射，组员也会在自由的体验中体会到快乐。

这张思维导图要解决的核心焦点问题是：给思维导图起一个广告语，在绘制的过程中如果因为某个关键词触动了灵感，就赶紧用颜色鲜艳（比如黄色）的笔圈出来。这里圈出的广告语是：敏捷、传播、力量、多元整合、多元化、能量、感染、分享。

然后，将这些关键词重组，产生初步的广告。

最后，小组给思维导图的一句广告语是：思维从未如此敏捷，导图胜过千言万语。

用思维导图进行工作管理

用思维导图做决策

在择校问题上，是选公立学校还是国际学校？毕业后是去一线城市打拼还是回家做一份安稳的工作？接到猎头电话后到底要不要换工作？这份工作做了10年，是选择继续留在公司还是出去创业？ 创业后，是选择租办公室还是买办公室？

我们每天都在面临着一些选择，从早上要不要多睡几分钟、早餐吃什么，到购物车要不要清空这些生活小事，再到婚姻、教育、工作、投资等难以抉择的、较为重要的事情，很多人在纠结中浪费了很多时间，迟迟做不了决策。

什么是决策？它指做决定的策略或办法，是人们为各种事件出主意、做决定的过程；它是一个复杂的思维过程，也是信息搜集、加工，最后做出判断，得出结论的过程。

"生活中，我们时时都需要做决定，正是一连串的决定组成了我们的命运。"影响做决策的因素有哪些？如何做出更理性的决策？

思维导图是全脑性的思维工具，能够记录思考的过程，呈现思考的结果。利用思维导图来做决策，不失为一个不错的办法。首先，它可以在一张纸上全部显现与决策目标相关的信息；其次，它的发散性思考框架可以让人产生相关的联想，帮我们厘清信息之间的关系。构建思维导图框架的过程，也是大脑对所有信息的梳理并做出合理的预测的过程。思维导图实际上能帮助我们从更全面的角度来解决一个个具体的问题，有利于我们做出更有效的决策。

使用思维导图做决策的过程也是思考问题，拆解问题，将感性和理性融合，最终做出判断的过程。在绘制思维导图过程中，首先要明确思考的核心主题，围绕核心主题展开影响我们做决定所需要考虑的大方向，再量化关注点，最后计算出分值。这种方法可以用于要不要、是不是、好不好等二分法的决策中。

以下是一个利用思维导图做决策的实际案例。案例的主题是：要成为自由职业者还是继续留在职场？

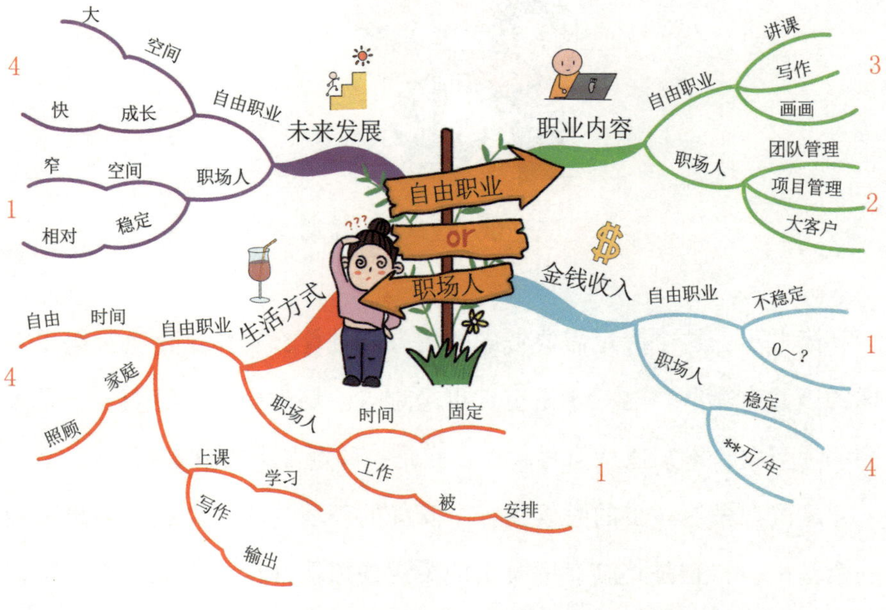

■ “自由职业”和“职场人”的选择

这张思维导图是我在工作10年后思考要继续留在职场还是离开职场从事自由职业时所做的，也正是这张思维导图帮我下定决心去成为自由职业者，同时也明确了我成为自由职业者之后，要去做的事情是什么。

该思维导图绘制的步骤和脉络如下：

第一步：确定中心主题——选择一个图像作为中心图，在自由职业和职场人之间做出选择。图中出现一位女生在思考：到底做自由职业者还是继续留在职场？

■ 第一步：确认中心主题

第二步：这个决定需要考虑的大方向是什么？做这个决策需要考虑的因素有哪些？这一步是重点也是难点。培训中，学员们要么是大脑一片空白，不知道从何写起；要么是一片混乱，没有头绪。

建议在做这一步的时候找一个安静的环境，先把大脑里的想法做一个输出，特别是将脑海中跳出的关键词抓取并记录下来，之后再根据关键词做分类，形成思维导图的主干。在这个案例中，我脑海中跳出的关键词有团队管理、项目管理、大客户服务，这些是我职场中的主要工作内容。如果成为自由职业者，我要做的工作有哪些呢？仔细思考后我写下“写作、绘画、讲课”。工作内容发生的变化此时便一目了然了；接下来我又想到职场朝九晚五和双休比较规律，成为自由职业者后可能休息时间很多，也可能连周末都没有，这些变化我也一样用关键词记录下来；收入也是影响我做决策的因素。不同的决策意味着人生会发生不同的变化，这时候客观地记录以及感受自己内心的渴望很重要。梳理关键词的过程，也是和自我对话的过程。

我根据关键词，得出的大类是这四个：职业内容、金钱收入、生活方式、未来发展。

■ 第二步：写出影响做决策的大类

第三步：考量大类的下一层，分别接上要做决策的两个点，这里是“自由职业”和“职场人”。

■ 第三步：在每个大类上分别接上要做决策的主题

第四步：在“自由职业”和“职场人”的选项下，用关键词写上具体要思考的内容是什么。比如“职业内容”中，“自由职业”具体做什么，对我来说，主要包括讲课、写作和画画，而“职场人”的工作内容则是团队管理、项目管理和大客户。接着，我又写出了金钱收入、生活方式、未来发展下的由“自由职业”和“职场人”联想到的关键词。

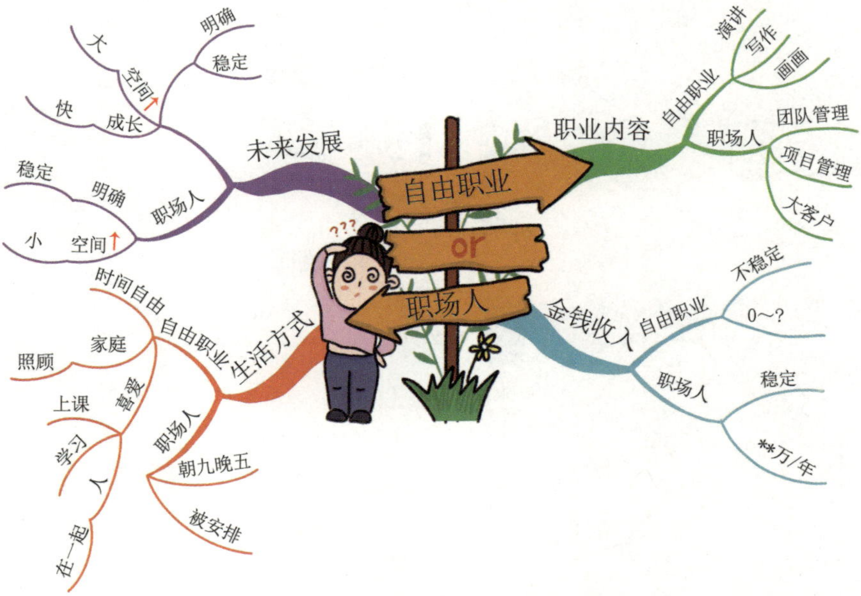

■ 第四步：在第三步的基础上细化出联想的具体内容

第五步：给职业内容、金钱收入、生活方式、未来发展四个主干大类各分配总分为5分的数值。如职业内容分配5分，金钱收入、生活方式、未来发展也给5分，这时候再按主干大类下的“自由职业”、“职场人”的不同分配总分为5分的分值。比如当我看到“自由职业”的内容是讲课、写作、画画，而职场人是团队管理、项目管理、大客户时，我会根据自己的情况给“自由职业”整体打3分，把剩下的2分给“职场人”（注意：你可以不用5，但一定要用奇数！如果是偶数，容易产生给两个选项打平分的现象，不利于最终决策，奇数才能使自己的倾向更明确）。

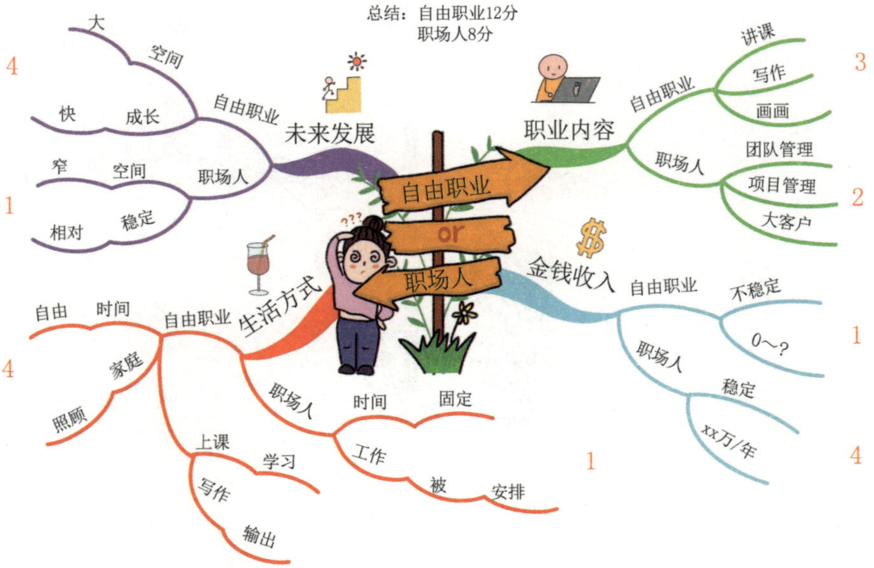

■ 第五步：给“自由职业”和“职场人”分配分值

第六步：给“自由职业”和“职场人”这两个选项核算总分值，得出“自由职业”12分，“职场人”8分。至此，内心的倾向已经很明显，选择自由职业对我来说是一个更好的选择。

小练习

根据最近需要做决策的内容，如考研还是工作、租房还是买房等，尝试按步骤练习，做出思维导图框架。

用思维导图做活动策划

同一个问题再次出现时，职场经验丰富的人能很快厘清思路去解决问题，而职场新人却苦于无法找到解决办法，不知道该从哪里下手。当你需要策划活动、安排会议或是上线一个新项目时，也可以直接使用5W2H的思考框架做出思维导图。

什么是5W2H的思考框架？

5W2H分析法又叫七问分析法，由“二战”中美国陆军兵器修理部首创。它简单、方便，易于理解、使用，富有启发意义，广泛用于企业管理和技术活动，对于决策和执行性的活动措施也非常有帮助。发明者用五个以W开头的英语单词和两个以H开头的英语单词进行设问，发现解决问题的线索，寻找思路，进行构思。活动方案根据需求和目的不同会有侧重点，但思考的方向可以从这七个方面入手，帮助多维度打开思路，弥补思考中的不足，使得想法全面、系统。

5W2H法的思考框架：

（1）why（为什么）：理由是什么？想达到什么效果或目的？

（2）what（是什么）：主题是什么？主要做什么工作？

（3）who（谁）：谁来完成？谁负责？

（4）when（何时）：什么时间做？什么时机最适宜？

（5）where（何处）：在哪里做？

（6）how much（多少）：做到什么程度？数量如何？质量水平如何？费用产出如何？

（7）how（怎么做）：如何提高效率？如何实施？方法是什么？

有了这个思考的方向，不论我们是独立执行，还是团队参与讨论决策，都可以从这些方面发散思维，并上手解决。

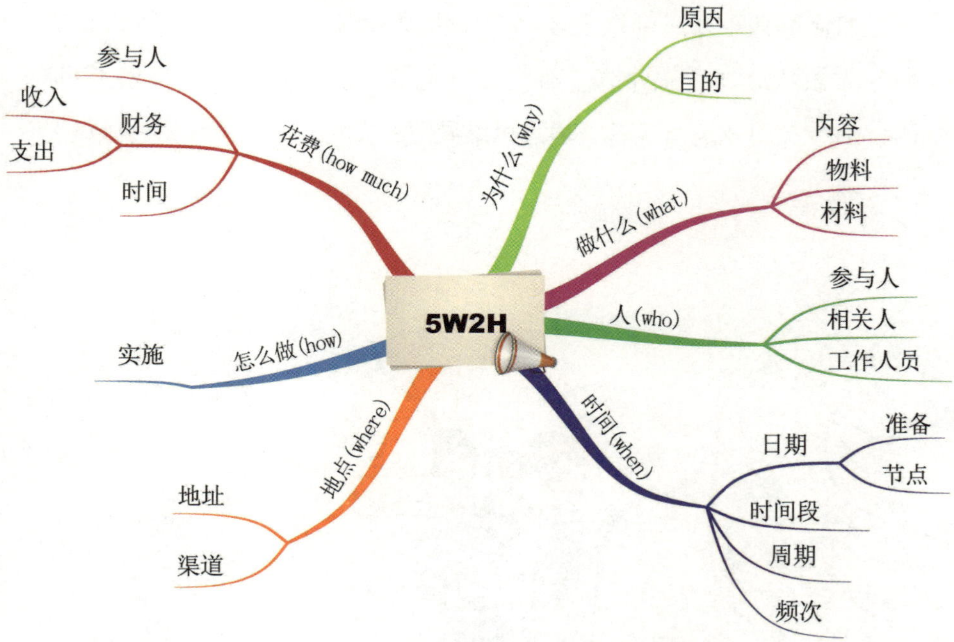

需要注意的是，这七个思考角度指引的是思考的方向。当我们使用思维导图对5W2H进行完善时，还可以进行发散性思考，及时补充新的信息。

以下以策划一场读书会为例，来说明利用思维导图进行活动策划的基本步骤。

“书中自有黄金屋”，身处瞬息万变的现代社会，终身学习的理念已经深入人心，而读书正是学习的重要方式之一。读书可以是一个人的事，也可以是一群人的事。一个人可以独自享受阅读带来的乐趣；一群人在一起读同一本书，不同的见解和观点在一起碰撞，亦是其乐无穷。

如今，线下读书会越来越受到人们的青睐，很多职场人士在工作之余都会去参加一些线下读书会，以结交更多的朋友，丰富自己的知识和见解。

如何成功策划一场线下读书会？需要考虑哪些方面？在哪里找资源？先做什么，后做什么，有没有一定的流程？我将自己积累了4年的读书会策划及运营经验，通过思维导图的方式和大家分享。具体如下图所示：

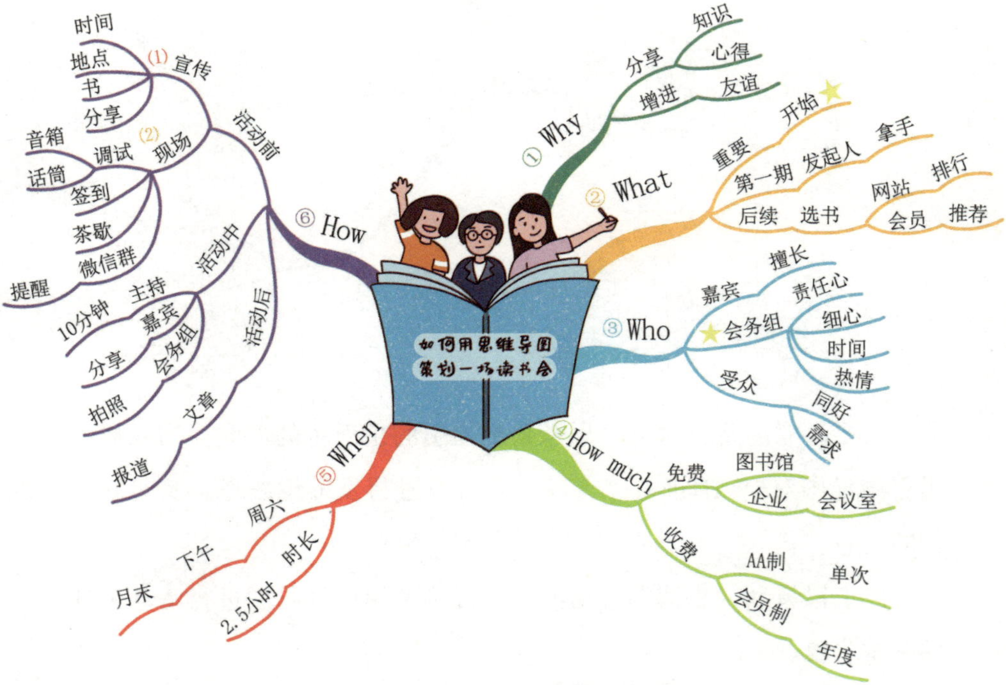

■ 用思维导图策划一场读书会

读书会分为外部委托组织以及企业内部自行组织两种组织形式。这里主要讲外部委托组织形式，在没有资金和人员支持的情况下，我们该如何发起一场读书会呢？

举行线下读书会，要有非常明确的目的。为什么要举办读书会？这是思维导图的第一分支。读书会的持续运营需要占用大量时间，找场地，找分享嘉宾，发起报名，跟进报名人员等各项事务十分烦琐。明确了举办读书会的目的和意义，能让发起者在遇到困难时坚守本心，更有力量克服困难。

■ 第一分支：为什么要策划读书会

明确为什么要做以后，接下来就要着手干了。此时，我们需要思考，虽然自己有意愿发起组织，可是大家为什么愿意来呢？吸引别人参加的因素有哪些？读书会可以帮助大家挑选有质量的好书，并找行业里的专家来跟大家分享。如果发起人比较喜欢读书，身边有很多爱读书的小伙伴，也可以从发起人自己分享开始。第一期读书会完成后，及时梳理流程，总结经验，为第二期做准备。关于选书，则可以从各大电商网站，如京东、当当、亚马逊上找各领域内排名靠前的书作为备选分享书单。

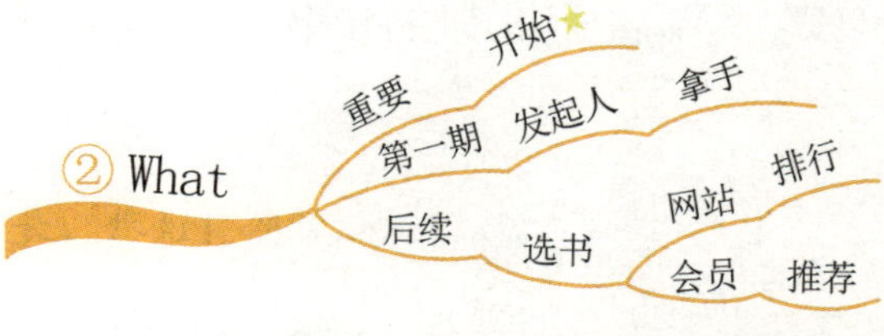

■ 第二分支：策划读书会需要做什么

一个人走得快，一群人走得远。参加读书会的人主要有三种：分享嘉宾、工作组和受众群体。确定了分享的图书后，就可以联系图书所涉及领域的知名人士来担任分享嘉宾。有责任心、细心、有充足的时间运营读书会且热爱读书的人，则可以担任会务工作组成员。热爱阅读、希望通过大量阅读来提升自己的社会各界人士，是读书会的受众群体。

■ 第三分支：哪些人会来参加读书会

场地也是一个要重点考虑的因素，通常有免费和收费两种。其中免费资源可以找当地图书馆支持，或是申请企业会议室。收费场地主要是咖啡厅或书店等休闲场所。读书会运营的费用来源主要包括两个方面：一是对报名群体采用每场活动AA制的方式，支付场地使用、茶歇、购买书籍，以及为嘉宾购买礼物等的费用；二是设定年度会员制度，收取会员费，按年缴费，所得款项用于支持读书会的长期运营。

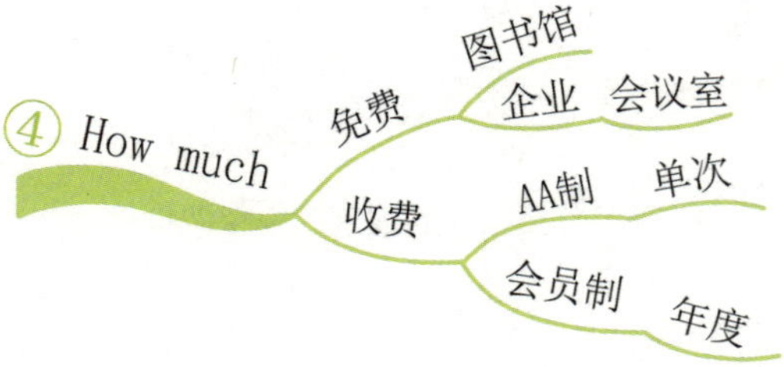

■ 第四分支：关于读书会的费用问题

读书会的活动时间，一般放在周末，以时长2.5小时左右为佳。

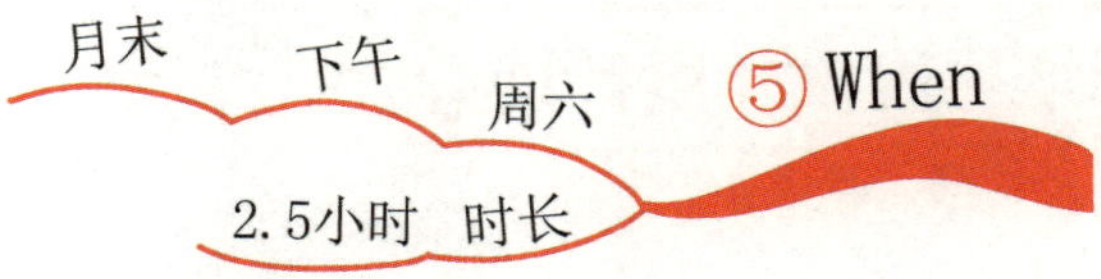

■ 第五分支：读书会的活动时间

关于读书会的活动流程，主要分为活动前、活动中和活动后。

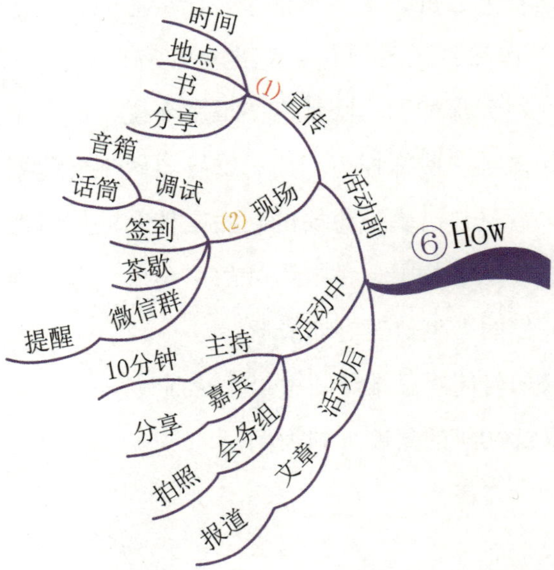

■ 第六分支：读书会的活动流程

用思维导图做年度计划

你有做年度计划的习惯吗？怎样做才能让年度计划容易实现？做年度计划的过程，也是我们主动思考的过程。我们要思考的是，接下来这一年自己要怎么过，价值观排序是什么样的。做好年度计划，可以让我们的工作和生活可视化，变得更加有序，而不是处于“忙茫盲”的状态，每天都如同一团乱麻。很多人说，做完年度计划后，感觉自己对生活多了一些掌控力。用思维导图做年度计划，可以帮助自己厘清思绪，看见自己真正想要的到底是什么，从而把时间、精力放在自己真正想要的事物上，掌握生活的主动权。每年制作一张年度计划，也能让我们的人生轨迹更加清晰。

那么，该如何使用思维导图做年度计划呢？

我以个人2020年的年度计划为例：

1.确认核心主题：在纸张的中央写上“2020年年度计划”。

■ 第一步：确认核心主题

2.思考大类方向：2020年我需要重点关注的方向有哪几个？

大类方向因人而异，有人想找份钱多离家近的工作，有人想结束单身，也有人想在新的一年学习一些新的课程。我关注的是这四大方向：学习、工作、健康、家庭。

■ 第二步：思考大类方向

有人说不知道自己的大类方向有哪些，我根据过往的实践经验，总结了三种确定大类方向的方法。

第一，你可以尝试从上一年的总结中寻找自己真正关注的大类方向在哪里，通过总结和反思，你会发现哪些是你想要的，哪些是你需要舍弃的。不妨现在就给自己找个安静舒适的环境，送给自己一段只属于自己的时光，用来梳理上一年做了什么，印象最深刻的有哪些事，给你带来了什么感受；再将以上这些都动笔写下来。这个过程，其实也是和自己的内心进行对话的过程。很多人都在回顾上一年的所作所为时，听见了自己内心最真实的声音，从而确定了下一年年度计划的大类方向。

第二，养成平时做记录的习惯。可以借助卡片记录本，把生活中的精彩瞬间用关键词的形式记录下来，隔一段时间再回顾、整理，找出自己真正关注的部分。我的包里就会放一个这样的便携式小本子，无论何时何地，都能将灵感随手记录下来。

现在还有很多软件可以帮助我们记录，比如印象笔记。我在印象笔记App中有专门的一个网络笔记本，命名为“一年+当年时间”，专门记录在这一年中的思考和想法。我还会在生日的时候写下对这一年的思考，命名为“给**岁生日的一封信”，生活要有些仪式感，生日这一天被我用来和跟自己做深度联结。记录软件的好处在于这些文字都可以长期留存，也可以随时随地根据主题查询，看到自己的成长和变化。

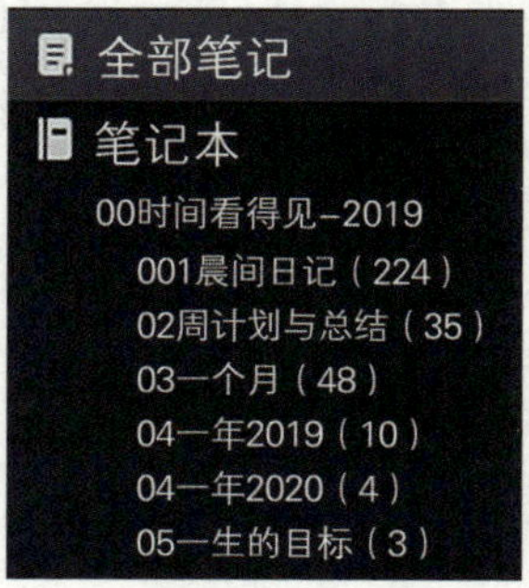

■ 网络笔记本

第三，借助九宫格。实在想不起来的时候，不妨尝试去画一个九宫格，把纸张横放，横三竖三地把纸张分为9个等分，在纸张的中央画上代表自己的中心图，在其他8个格子逐个添加自己的想法。

想到哪些都可以添加上来，注意在添加内容的时候，需要符合不重复的原则。另外，当8个格子都填满的时候，建议大家做减法思考，着重关注4~6个大的方向，这样更有利于目标的实现。

在生活中做个有心人，再根据我上面提出的这三种方法列出年度计划的大类，想必会变得轻而易举。

3.思考出大类方向以后，就可以纵向深入思考，对大类方向进行细化。

以我自己为例，家庭、健康、工作、学习这四个方向，再细化会想到哪些？比如工作，我会想到授课、写书和团队建设。我已有多年思维导图培训行业经验的积累，有稳定的企业合作机构和青少年合作机构，因此需要自己把控授课天数，培养核心讲师团，更好地服务客户。

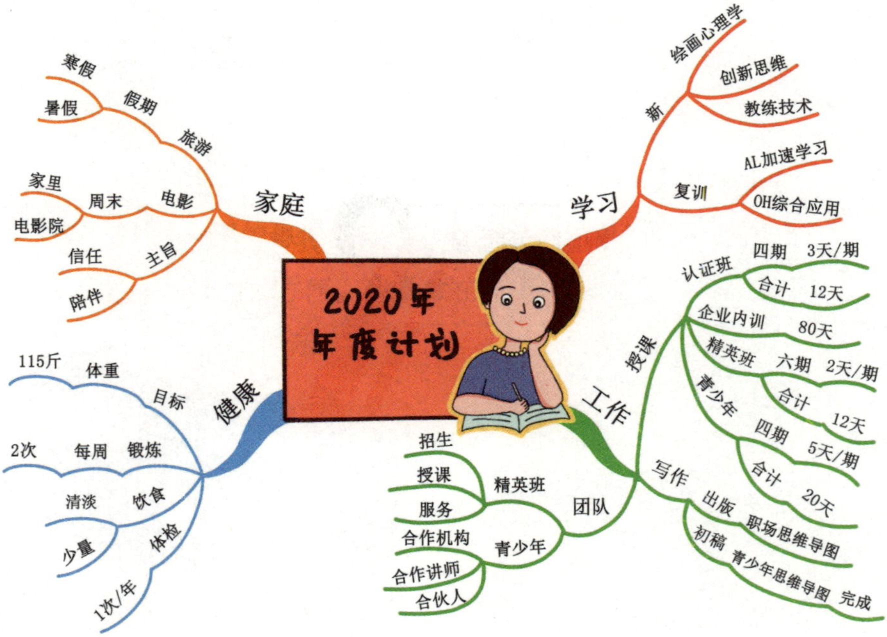

4.进一步思考信息之间有无关联，有的话即添加关联线。

我曾学习过AL加速学习的方式，并将其应用于授课中。这种方式大大改进了我的授课。AL加速学习法让我的学习和工作产生了关联，于是我添加了关联线，使学习和工作的关系更加一目了然。

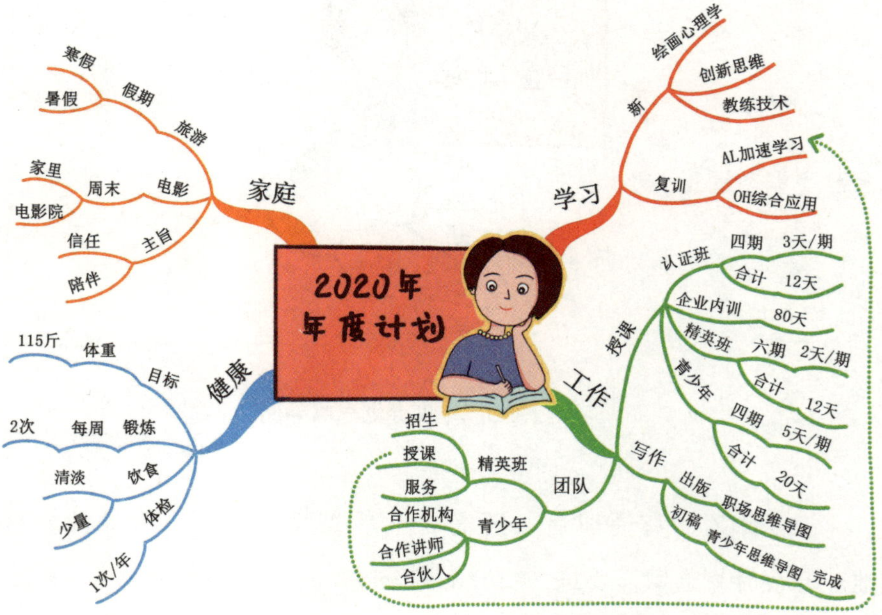

5.在重要的地方加上小插图

对自己而言，最重要的是什么？我选择了健康、写作、认证班，在这些关键词边上加上了小插图。插图将帮助我更好地记忆这些关键点。

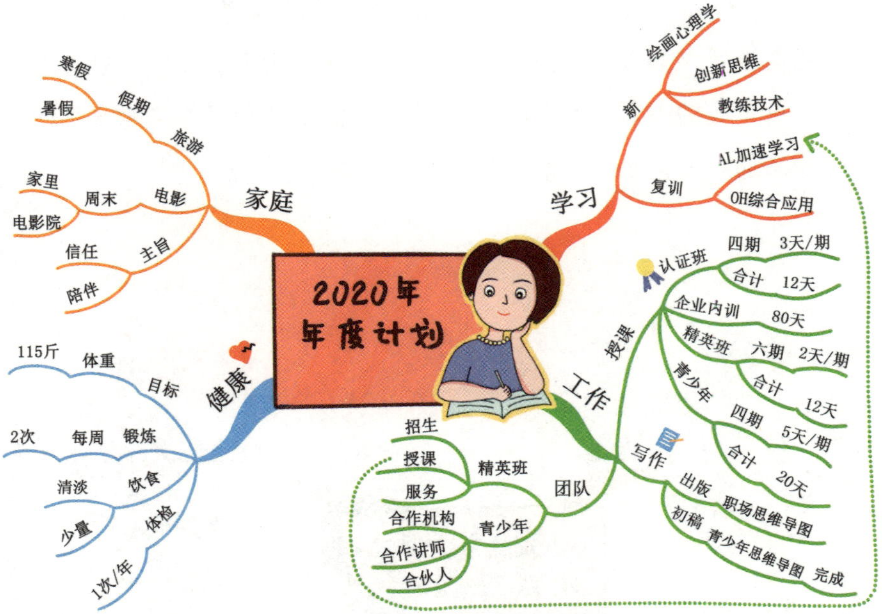

■ 我的2020年年度计划思维导图

年度计划制订完成后，还需要不断实践完善，努力让计划落地。年度计划通常需要进一步分解到季度、月度、周及每天中。很多人年初做了计划，之后却没有根据计划执行，这样即使计划再好也会以失败告终。如果能在年度计划的思维导图完成后，将其打印出来，放在醒目的地方，按计划过好每一天，才会让计划最终实现。

思维导图在工作汇报中的应用

思维导图在应用中可以分为逻辑思维导图和创意思维导图。逻辑思维导图在思考及绘制中更加强调结构化，通常可以用于工作计划、问题分析与解决和工作汇报中。

这个小节我们主要谈的是思维导图在工作汇报中的应用。

有一天，我和一位企业高管在咖啡厅里谈事情。这位高管突然接到一个电话，她从座位离开，神情十分不悦，十几分钟后才回来。她面露不悦地告诉我，有员工向她汇报工作，但总说不到重点，她要不断地问对方究竟想表达什么，此外还需要不断跟对方确认，对方所说的内容与自己理解的内容是否为同一个意思。

这位企业高管管理了四家公司，平时工作非常忙，是一个非常讲究效率的人。她希望员工在汇报工作时，直接向她说明结果以及产生这种结果的原因，我向她推荐了思维导图工作法。正是因为这次机缘，后来她邀请我去她的企业做思维导图培训，特别嘱咐员工要好好学习，并希望员工在沟通和汇报前能用思维导图整理好思路，这样的话既可以节约大家的时间，还可以提升工作效率。

我们在工作中经常要做各种沟通和汇报，不管是什么形式、什么渠道的沟通汇报，都是为了把信息全面、简明、有条理地传达给对方，从而提高效率、达成共识。简单来说，就是把事情说清楚、讲明白，让对方轻松理解，容易记住。想要在工作中实现良好的沟通效果，也可以使用思维导图来帮忙。

中心主题就是沟通或汇报的时候能用一句话说明白的中心句，往往是中心观点，也是核心的结论句，所有信息都围绕中心观点或总结句展开。每一个分支主题都是中心主题的支撑，每一个分支主题后面又可以延伸出支持分支主题的次主题，比如子主题1、子主题2、子主题3等。

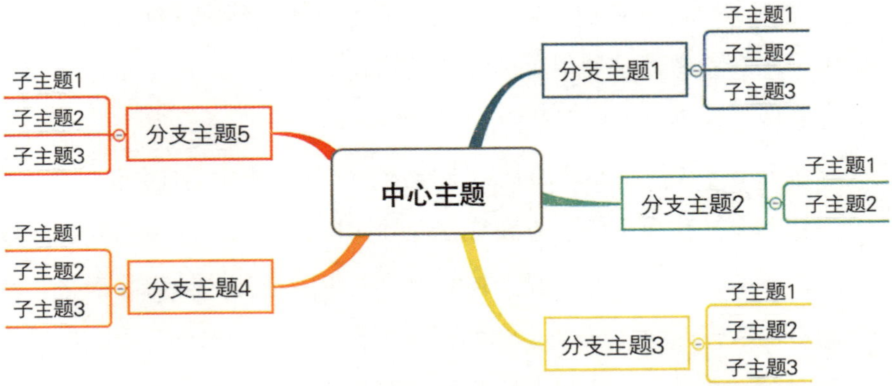

■ 思维导图结构样式

需要注意的是，结构化汇报有这样四个特点：

1.结论先行；

2.上下对应；

3.分类清楚；

4.逻辑排序。

在思维导图中常说的“结论先行”，指的是发散性思维中每一个上一层级都是下一层级的结论句，每个下一层级都支持上一层级。比如：A1是A11、A12的上一层级，A11、A12支持A1的论点。A是A1、

A2、A3的上一 层级，A1、A2、A3支持A的论点，A、B、C、D则围绕中心主题发散开来。

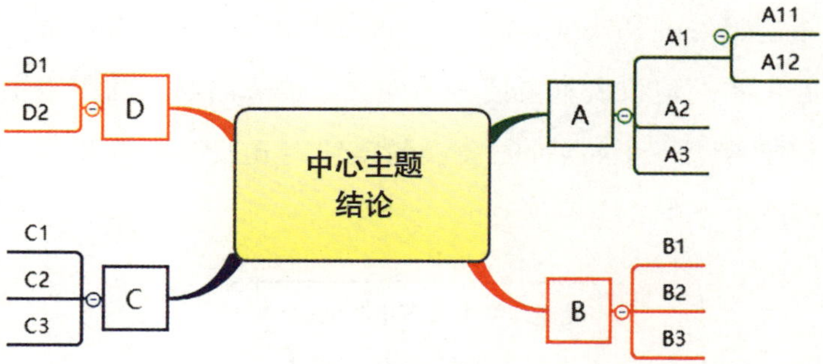

■ 思维导图的中心主题

中心主题就是整个汇报的核心结论，每一个主干，比如A、B、C、D都分别是下一个层级对应的结论，即A1、A2、A3的结论内容在主干A上，A是A1、A2、A3的总结归纳信息，同理，A1又是A11和A12的总结归纳，它们之间是包含关系。

我们通过例子来看一下职场汇报中，如果没有结构，可能会是什么样子的。

假如你是董事长，你的秘书早上一上班就给你打来了这样一个电话：

“董事长，您好！刘经理来电话说系统出现突发状况，今天下午4点钟他无法参加会议了。小张说他晚一点开会没关系，明天再开也可以，但最好别在明天上午11点之前开。可是会议室明天已经被别人预订了，但星期五是空着的。王总的秘书说，王总明天很晚才能从外地出差回来，我建议把会议的时间定在星期五上午10点比较合适，您看行吗？”

看到这里，请问你有什么感受？没错，一个字：“乱”。如何汇报，才能重点分明、有条理？还是让思维导图来帮忙吧。

首先，职场讲究效率，所以一般汇报先讲结论，也就是先确定汇报的中心主题。建议大家再读一下原文，提炼出原文的中心主题，即“我建议把今天下午4点钟的会议调整到周五上午10点开”。所有信息都是围绕这个中心主题展开的。

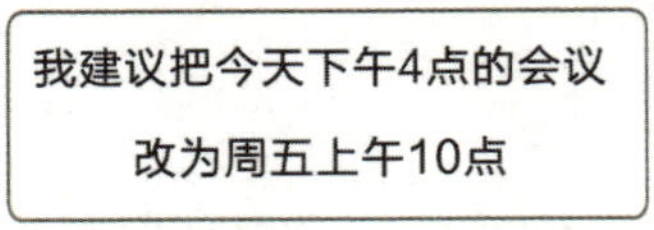

接下来，我们需要思考，支撑这个中心结论的理由有几个，也就是主干大类有哪些。从原文我们可以看出，影响的因素总共有刘经理、小张、会议室、王总。对这四者进行分类，不难得出两个大类——人和会议室，所以围绕中心主题的两个主干内容就是人和会议室。

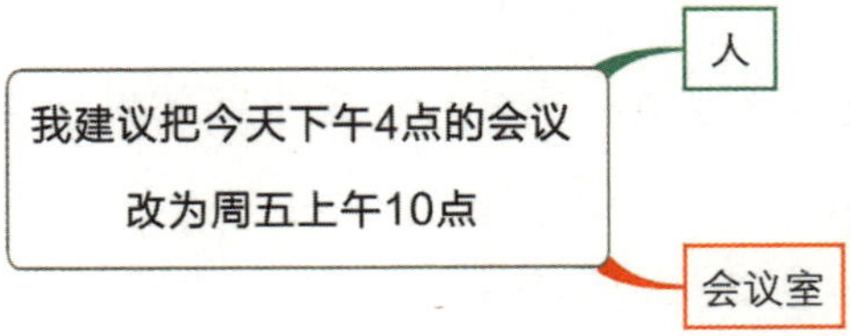

再来细化支干：有哪几个人？分别遇到了什么情况？会议室的情况又是什么样的？

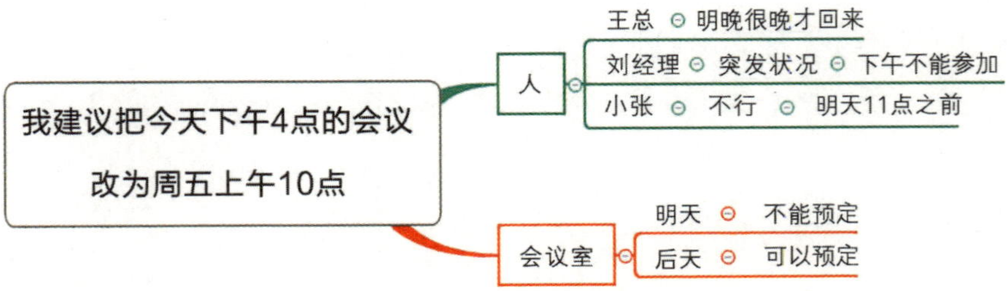

在思维导图中，我将人的顺序按职位做了排序，这也是结构性汇报的特点之一——逻辑排序。调整后按照职位的高低排序为：王总、刘经理、小张。根据这张思维导图再去汇报就会有条理得多，以下是修改后的汇报内容：

“董事长，您好！我们可以将今天下午4点的会议调整到周五上午10点吗？因为王总、刘经理、小张都可以参加，另外周五会议室也可以预定。您看行吗？”

如果董事长问到王总不能参加的原因，你也可以根据思维导图再做回答。制作思维导图，不仅让自己思路更清晰，也让对方在接收信息时更容易理解，梳理出层级关系以后，还可以根据汇报时间的长短灵活调整汇报的内容。当你和董事长一起乘坐电梯，只有几分钟汇报时，就可以只说中心主题；如果是电话汇报，可以说到第一层级；董事长过问得很详细的时候，则可以根据不同层级的内容自由展开。

总结

用逻辑思维导图来帮助自己进行工作汇报时，需要注意以下几点：

1.明确结论，找到中心主题，尽量用一句话来概括这个中心主题。

2.找到支撑中心主题也就是结论句的主要论点，即思维导图中的主干（大方向）。如果论点比较多，则需要对其进行归类。

分类要符合MECE原则，即“相互独立、完全穷尽”的原则。相互独立的意思是互相之间不能有交叉，完全穷尽就是在分类的时候不能有遗漏。只要符合这个原则，就是一个清晰、准确的分类。

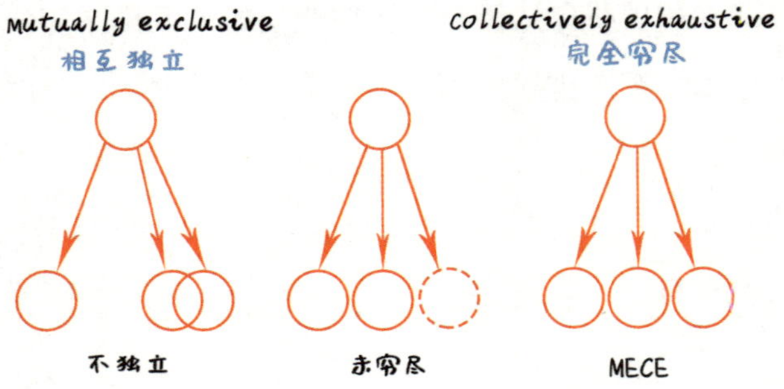

■ MECE原则

在上面这个案例中，我们按照人和会议室进行分类，两者之间没有交叉，相互独立，同时影响中心主题（结论句）的只有这两个原因，也做到了完全穷尽。

在实际分类时，我们要经常问自己：

现有考虑的因素之间有没有互相重叠的部分?

我是不是把所有的可能因素都考虑到了，有没有遗漏的地方?

用MECE原则指导制作思维导图，可以让你在汇报工作时更加清晰、有条理。

用思维导图做会议记录

在学校里，我们需要参加各种各样的会议，如早会、班会、运动会、报告会、庆典会等。进入职场后，需要参加的会议就更多了。

会议是企业管理中提高工作质量和工作效率的一种有效途径，也是企业文化的一种具体表现。会议类型不同，开会的目的也不同。一般来说，开会的目的有三种：

一是解决问题，同时分析原因，总结经验，改进工作；

二是制订计划，分解任务，确认执行人、任务完成时间等；

三是进行信息交流及传达，统一思想，统一认识，确保在行动的时候能够准确和高效。

高效的会议能够让参会者职责清晰，达成共识并迅速执行；而糟糕的会议，往往会出现领导一言堂、偏离主题、讨论激烈却达不成共识，或者达成共识却无法执行的现象。

如何让会议开得更加高效、更加有价值，是很多企业关注的内容。有些企业开始使用思维导图，在开会前通知，开会时记录，全盘掌握会议内容，开会后进行会议记录整理，保证信息完整。具体来说，思维导图可以用于会议前的筹备策划、会议中的沟通讨论与记录、会议后的要点整理这三个方面。

1.会议前的筹备策划

筹备阶段指的是会议发起者做会议准备的阶段。在这个阶段，需要确定的内容包括会议主题、时间、地点，哪些人需要参会，是否需要携带材料，以及会议流程等。筹备人在策划时，需要清晰地把握会议整体概貌，唯有如此才能使接收信息的人一目了然。借助思维导图，可以让筹备策划人和参与会议的人信息同步，避免参会人出现理解偏差、会议主题跑偏的现象。

80%无效的会议，都是因为议题不明确造成的，所以，在筹备阶段，让议题明晰显得尤为重要。

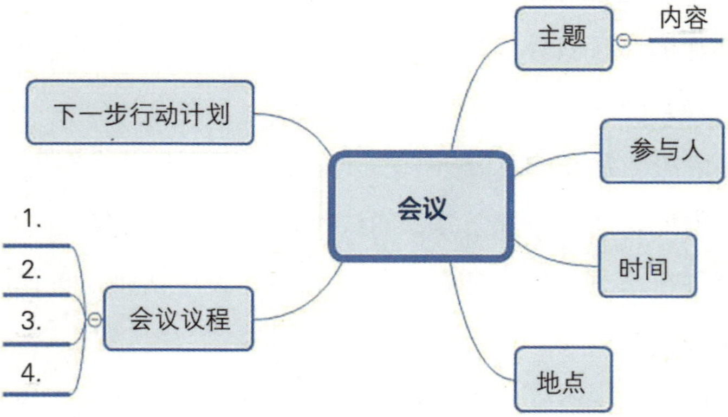

■ 会议筹备阶段思维导图模板参考

2.会议中的沟通讨论与记录

高效的会议，在进行的过程中既能让参与者充分讨论，又能在会议中得出一些有价值的内容，或是可执行的方案，或是新的思路。

下面，我将着重讲解用思维导图做会议沟通讨论与记录的流程。

与用思维导图做读书笔记相比，在会议中使用思维导图做沟通与记录的难度会更高一些，主要原因有以下两点：

一是在会议进行时，信息停留的时间比较短，记忆时间也相应变短，这要求我们有更强的抓取关键信息的能力。

会议经常是多人进行的，参会者的想法可能是跳跃性的，我们也不能完全掌握每一个参会者的思考逻辑。会议中，别人提出的一个想法有可能会让我们产生新的灵感。所以用思维导图做会议记录的时候，就需要搞清楚逻辑结构。

二是逻辑思考的思维模式有往下分析和往上归纳两种。会议往往是一个动态的过程，两种思维模式都会用到。往下分析通常是在发散性思维时使用，比如由组织会议想到主题、人物、时间、地点、议程等，每一个想到的内容又继续往外延伸发散，这样按层级不断往下发散的过程，也是往下分析的过程。

关于往上归纳的情况，我们知道大脑短时记忆的容量是非常有限的，如果在会议中信息量过大，就需要找到信息之间的关系，对它们进行概括归纳，找到思考脉络中的上一个层级。

思维模式不同，制作思维导图的方式也会不同。通常当会议组织者给定了大方向的时候，我们只需要沿着大方向思考，按照思维导图的绘制步骤完成即可，即中心主题—颜色—主干—支干—关联线—插图。

另外，当我们上完一堂课，无法一下子说出这堂课的收获到底有哪些时，就可以采用上面的方法来操作。以下是“思维导图管理师认证班收获”的案例。

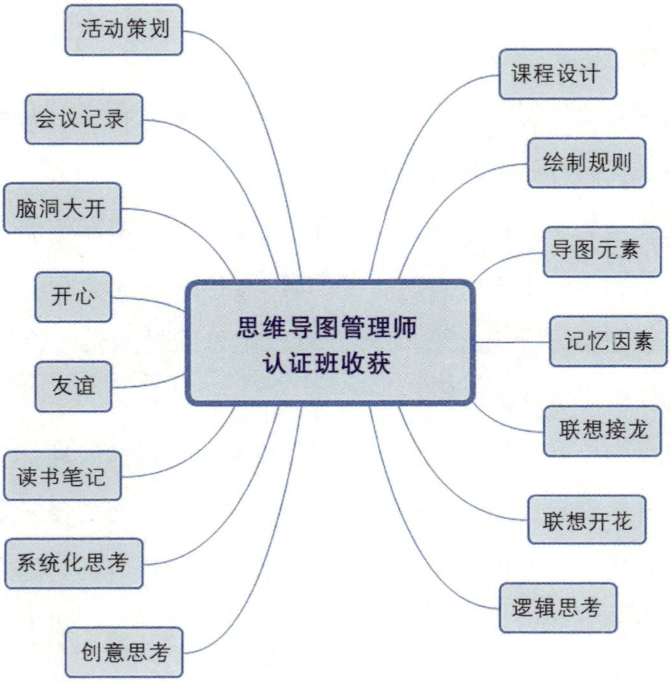

■ 将发言的重要信息按照联想开花的结构展开

先用联想开花的方式记录下来，想到哪里就写到哪里，接下来再根据已有内容做整理。这是一个先有物再有序的过程。

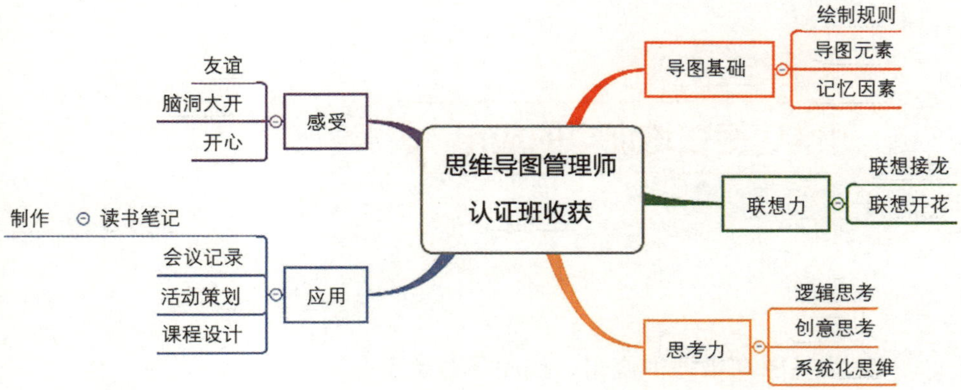

■ 整合更具有逻辑层次结构的思维导图

3.会议结束后进行整理总结

会议结束后对其进行整理总结的目的，在于明确会议主要内容，统一备忘，利于后期执行。有些公司甚至在会议室的墙上写着“会而必议，议而必决，决而必行，行而必果”，就是为了提醒参会者开会的最终目的是指导后期执行。

思维导图在培训中的应用

思维导图在培训中使用，按使用对象来分，主要有培训师、培训合作机构方、企业需求方（一般是企业HR或是培训负责人）、其他个人学员。不论使用对象是谁，都可以在培训中使用思维导图。培训师可以用思维导图来做课前调研访谈记录、物资准备清单、课程设计；培训合作机构方、企业需求方可以用思维导图做电话会议、课程记录；其他个人学员可以用思维导图做听记笔记等。很多人在学习思维导图课程后，就习惯于用思维导图思考、记录信息，这样做的好处在于可以让思考更加系统化，易于产生新想法，也有利于复习和记忆。

为什么思维导图能够应用在培训中？我从实际使用的过程中总结了思维导图的五点好处：

第一，思维导图在使用过程中，会触发无穷的联想力和想象力，让新创意源源不断。

第二，新的想法产生后，又可以根据已有信息再次加工，绘制思维导图，将自己的想法可视化，在培训的过程中不易遗漏。

第三，思维导图使用的关键词及信息之间具有一定的关联性，可以将碎片化的知识点进行整合，既有利于复习回顾，又能加强记忆。

第四，思维导图的表现形式要比文字更加一目了然。使用思维导图，能够方便快速地核对信息，确保其完整性和正确性。

第五，在使用思维导图时，各节点（主干与支干、分支与分支）易于切换或增删，可以让思考更加自由、灵活。

培训不仅是一次课程的交付，它还需要根据参与人员（培训师、培训合作机构方、企业需求方）的前期、中期、后期系统化工作的安排，包括确认培训需求、设计培训内容、交付培训课程和评估培训结果。

■ 培训的流程

课前调研阶段

课前调研的目的是了解客户需求，确认课程背景、课程内容，介绍课程背景、学员学习目标，同时也让培训对象了解课程的内容是否能满足自己的需求。

因此，调研有着重要的意义。调研的方式使用电话会议居多，在调研过程中可以使用的思维导图有两种，一种是已经确认好调研围绕的方向，另一种则比较灵活，根据谈话内容最终整理、确定出调研的方向。

下面这张就是课前调研的思维导图：

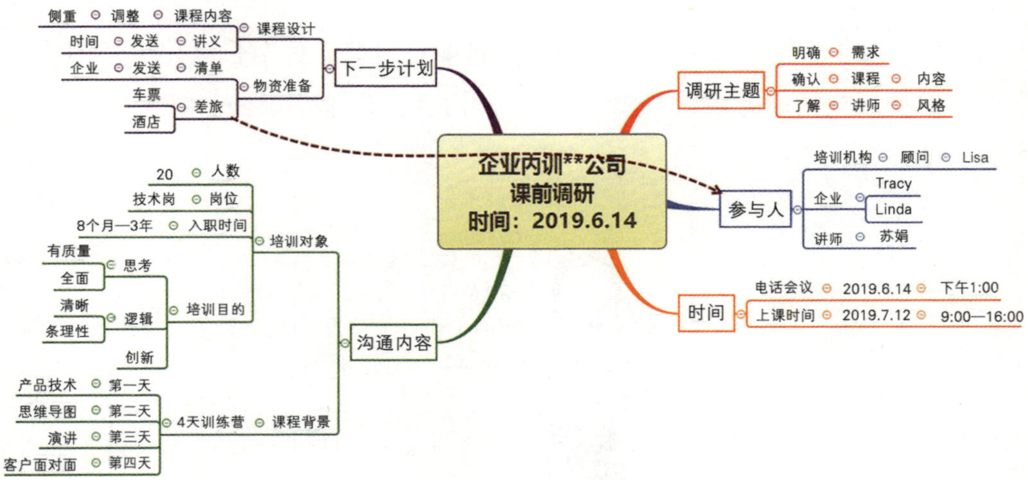

■ 企业内训的课前调研图

这张培训调研思维导图，事前没有明确要谈论的讨论向（如果有，那就是思维导图的主干了），而是在沟通中碰撞出来的，在这种情况下，主干可以留白待补充。一般来说，大方向包含以下五个部分：

主题（why）：也就是为什么要进行这次调研。在这个案例中，进行调研是为了了解课程内容是否与培训对象的需求匹配。培训师可以根据这一项调研的结果，对培训课件的内容进行调整。

调研的参与人有哪些（who）：案例中出现的调研人包括机构

方、企业方和讲师。将调研参与人记录下来，方便在接下来的工作中找准对接人。

时间（when）：一般分为调研时间和正式上课时间。

内容（what）：指谈话内容，包括培训对象是哪些人（职责和岗位），多少人，他们的入职时间是什么时候，培训目的即想要达到的效果是什么，以及其他相关背景介绍。

下一步行动（how）：了解了以上信息后，可以进一步沟通课程是否需要调整，讲义发送的时间、需要采购的物资，以及差旅住宿等信息。

培训师物资准备思维导图

培训师除了备课，还需要准备课程中的辅助工具，我通常考虑以下三个方面——场地现场布置（也是课前布置）、讲师讲解中用到的道具、课后作业。

以下是我为准备培训物资所做的思维导图。有了这张图，在讲课前就可以对照图来一一确认，手中有图，心中有数。

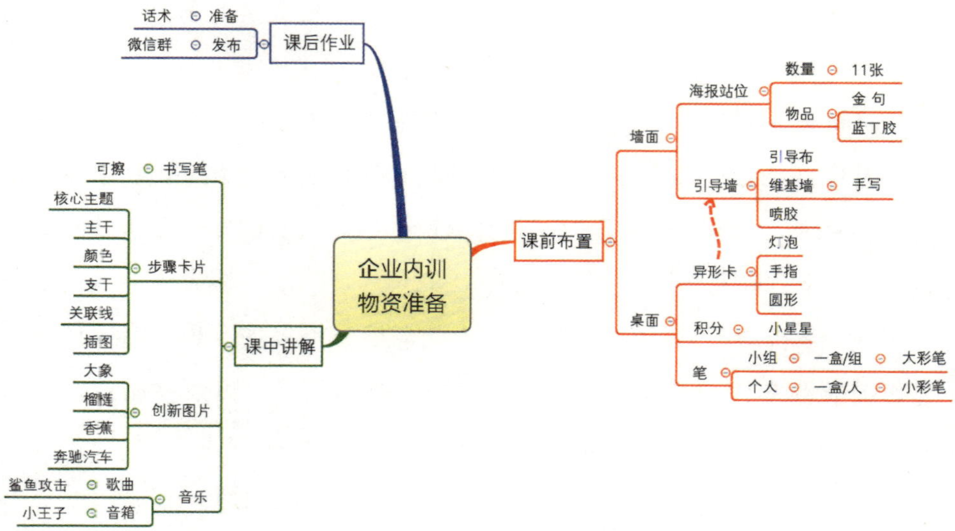

■ 企业内训的物资准备图

课程设计思维导图

培训师在课程设计中也可以使用思维导图，把碎片化的信息结构化，使其一目了然。课程设计思维导图可以用在两个方面：一是在整理、加工课程内容的过程中逐步思维导图化；二是用思维导图帮助回忆联结课程内容，从而更好地记忆及发现课程中存在的困难点。

相比于用PPT做课程设计，思维导图可以帮助培训师树立全局观，从而更加系统化地把握课程脉络。

用思维导图呈现培训内容，有助于培训师更流畅地开展教学，也能让培训对象从整体上把握课程内容，提升学习效果。

用思维导图做清单核检

现代社会中，每个人都很忙，忙工作，忙家务，忙孩子，忙自己的学习……上了年纪之后，个人的健康也需要花时间去管理。需要处理的事情越来越多，对工作效率的要求也相应提高了很多。如果没有清晰的方向和目标，就很难从冗杂的事务中分出轻重缓急。长期这样下去，眉毛胡子一把抓，事情总是处在待办状态，极易让人陷入焦虑的情绪中。

在哲学家伯纳德·塞福（Bernard Sve）看来，“清单的出现构成了人类历史的一个重大转折”，因为列清单意味着管理思想模式的形成，人类社会从此进入更高的组织等级。清单最初只是用于任务分配，现在则成了社会规范化的重要工具。有些清单看上去简单粗糙，有些则精细无比，但无论是在工作还是生活中，事务清单都占据着重要的位置。

做好清单管理，可以让工作和生活更有秩序。传统的清单更多的是条列式，一般来说是线性结构，即以从上到下或从左到右的排序罗列。思维导图也可以用来做清单管理，它把清单的主要内容或做清单的目的作为中心主题，再往外放射状展开，逐级进行分层分类，在逐层级的发散过程中可以引发思考，使我们的思维变得更加缜密。

我们先来看这样一个案例，这一则对话的背景是某培训机构的负责人马老师在做一个“讲师评价”时的问卷调查。

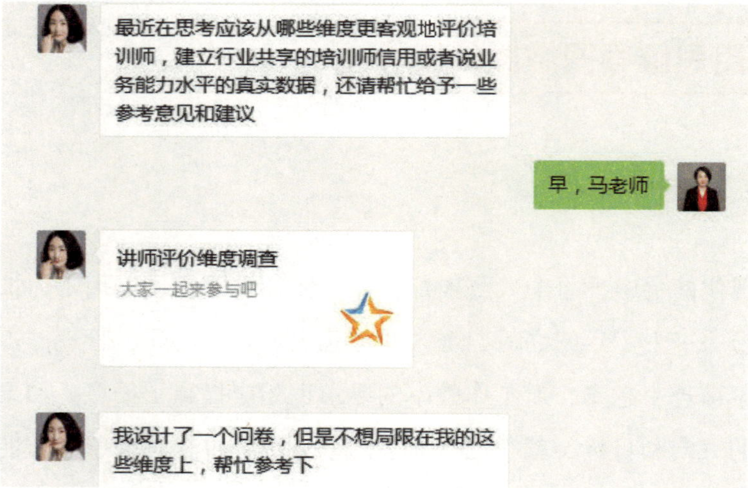

■ “讲师评价维度调查”案例

问卷中列出了十六个针对讲师评价的评分维度，非常全面。

* 2.客观地评价培训师，您认为需要从哪些维度给予评分？欢迎补充 【多选题】

- ☐ 课程逻辑性
- ☐ 控场能力
- ☐ 准备度
- ☐ 配合度
- ☐ 授课技巧
- ☐ 案例定制化能力
- ☐ 沟通能力
- ☐ 突发状况处理能力
- ☐ 学员欢迎度
- ☐ 普通话标准
- ☐ 感染力
- ☐ 形象与气质
- ☐ 表达通俗易懂
- ☐ 现场学员点评与指导能力
- ☐ 课前访谈与调研的配合支持
- ☐ 其他，欢迎补充

■ 讲师评价维度调查问卷

可是这样罗列下来，很难让看的人一目了然，我从课前、课中、课后三个维度出发，将这份清单做成了思维导图。是不是比清单列表更加有条理呢？

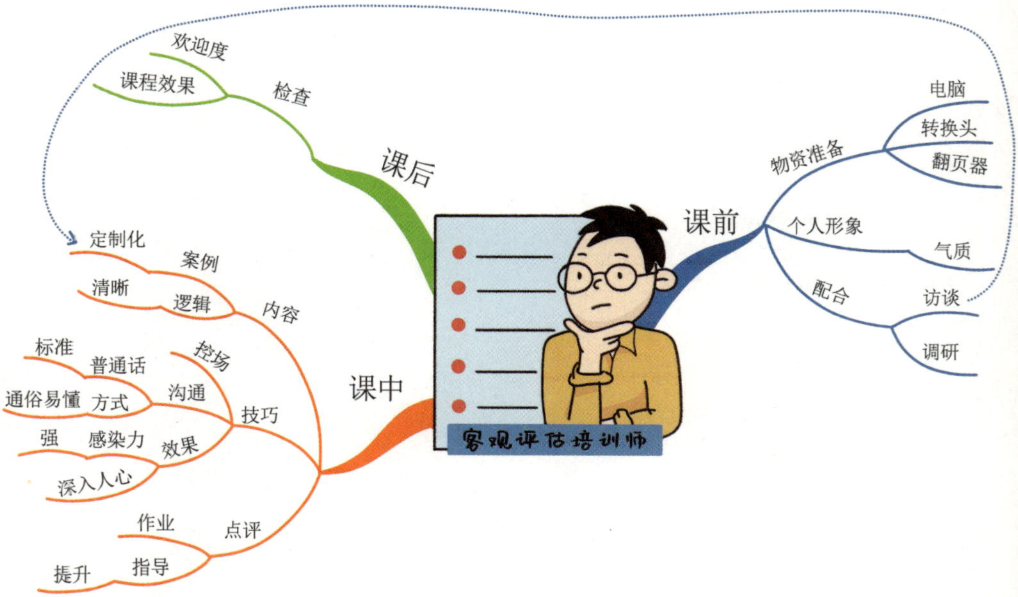

■ 用思维导图客观评估培训师

课前：这里指的是在课程开始前，讲师准备是否充分，如物资准备是否充分，是否注意仪容仪表，需配合客户公司访谈和调研时，讲师是否可以进行专业度的配合等。

课中：这里主要指上课的过程中，讲师所讲内容中的案例是否符合企业的需求，内容的逻辑是否清晰；在讲课的技巧上，讲师是否能有效控场，普通话是否标准，内容是否通俗易懂，沟通是否对学员有感染力，能深入人心；现场作业点评环节，能否对学员进行专业化指导，帮助学员提升学习效果。

课后：这里主要指的是检验课程效果的维度。

绘制完这张思维导图，还可以沿着每一个支干脉络继续思考，如除了控场能力和沟通能力，还需要其他的讲课技能吗？如果想到了其他的内容，可以及时补充。

对比两种清单：

1.传统清单管理

2.思维导图清单管理

下面，我将以具体的案例跟大家分享使用思维导图做清单管理的六个步骤。

第一步，确认核心主题。

第二步，掌握大纲构架，明确主干大类。

首先，思考工作内容的大方向，如果这时想出了更具体的细节，也可以进一步思考该细节所在的大类。我在制作思维导图时，忽然想到了认证班，由于在教学组织形式中还有青少年训练营，于是我就将认证班归到和青少年训练营相对应的成人课中，再根据参与人员的年龄进行分类。

第三步，合理运用颜色意涵，选择各主干对应的颜色。

第四步，延伸细节内容，拓展中类、小类。

主干大类确认后，再思考每个主干后面延伸的支干内容，注意分类尽量做到不重复、不遗漏，还要检查分类是否在同一标准下进行。比如“教学”这一主干后面的分类是按照年龄层次的标准，分为成人课和青少年课，成人和青少年没有重复或交集部分，同时教学按照年龄层次分只包含成人和青少年，说明没有遗漏。同样，成人课后面的分支则是按照成人课程的类型分为三种——认证班、企业内训、公开课，它们是三个独立的模块，且完全穷尽。

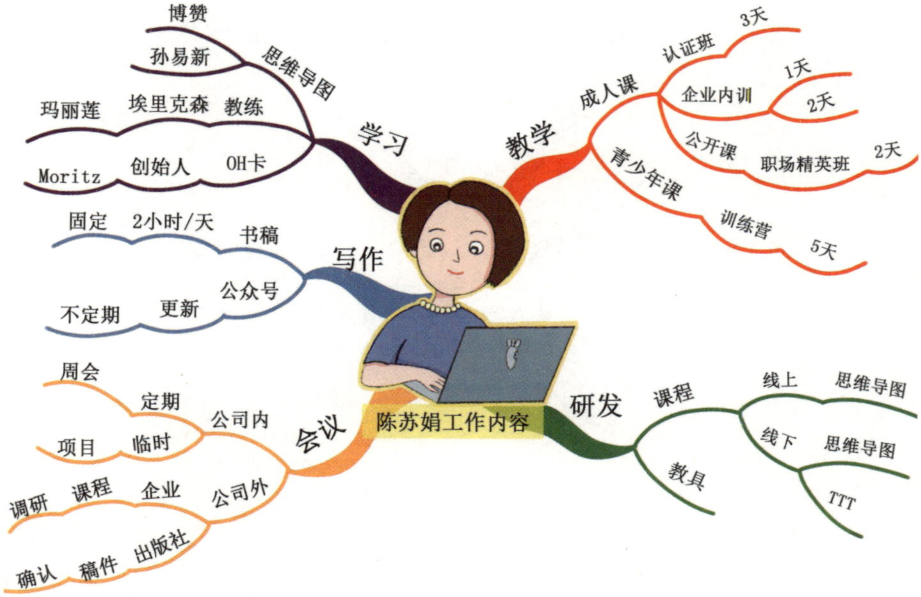

第五步，思考各支干关键词是否有关联。若有，则添加上关联线。

完成第四步之后，整个思维导图框架结构及细化的内容已经基本完成。这时候可以进一步思考，分支与分支之间是否存在关联性，比如有无因果关系、重复性等。这里的“学习—思维导图—博赞”和“教学—成人课—认证班—3天”有着因果关系。由于我是思维导图创始人东尼·博赞的嫡传弟子，我可以开设来自英国的思维导图管理师认证班课程，因此在思维导图中，可以用关联线将“博赞”与“认证班”连起来。

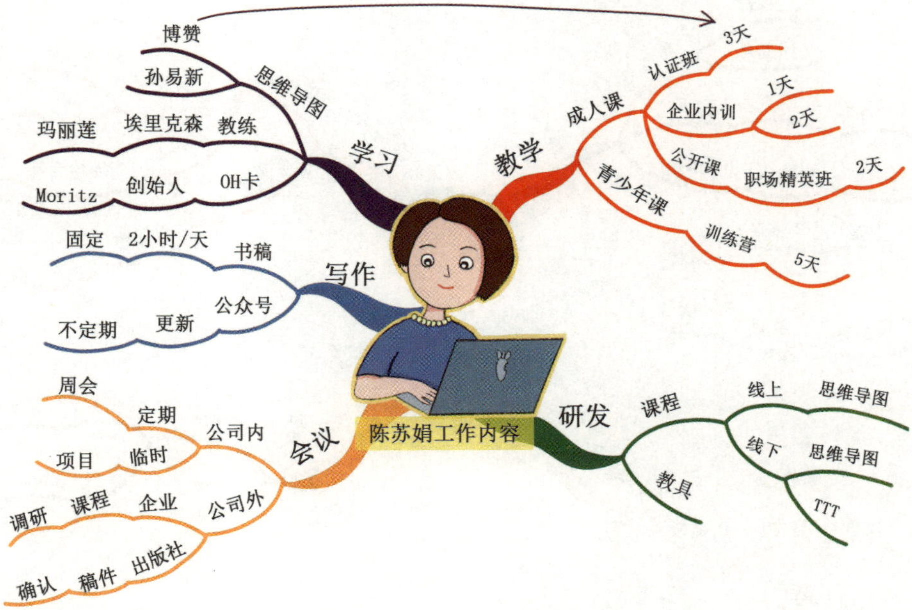

第六步，加入重点插图，识别甄选真正重要的工作事项。

最后，我们需要在重要的地方加上插图。插图的功能是吸引眼球，引起大脑关注，提醒此处是重点或是难点。我认为思维导图课程研发和写作这两件事，是一个培训师需要重点关注的。所有的培训工作，都要求讲师专业能力过硬，同时懂得梳理内容，并对其进行系统化输出，因此，我在这两个地方加上了插图。

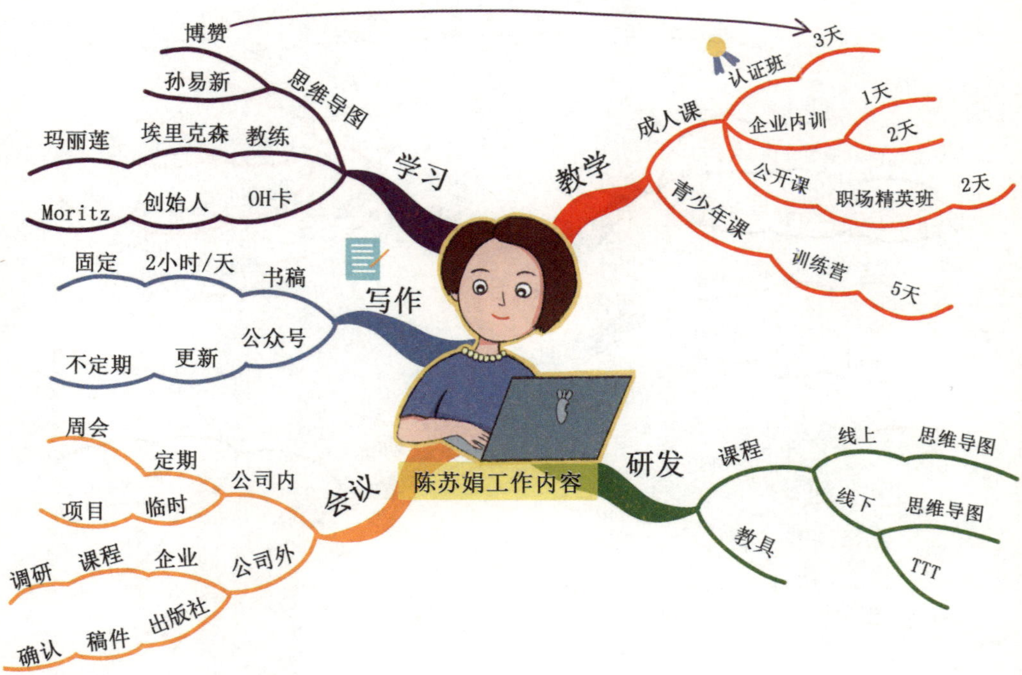

■ 用思维导图管理工作内容

掌握思维导图的思考法及绘制步骤后，用思维导图制作清单核检比传统的清单列表更方便。我常常在外出讲课的时候制作一张课程物资携带清单，如下图所示：

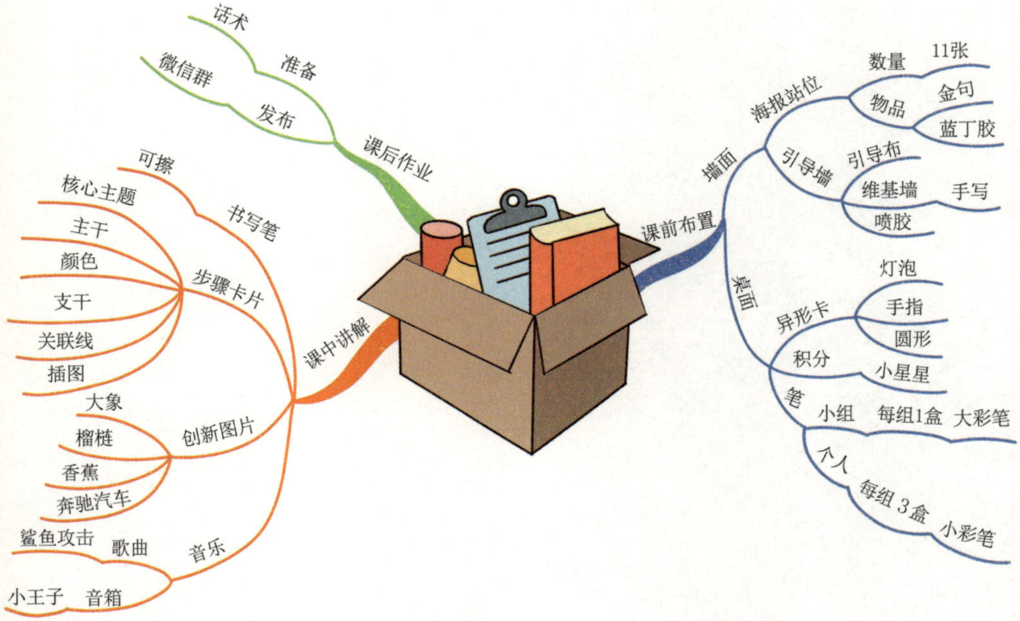

■ 课程物资携带清单

使用思维导图制作的课程物资携带清单，使课前准备的所有细节都清晰可见，既能在课前帮助我查漏补缺，也能让我对上课的流程有更全面的把握。

学习了这些技巧，做好充分的准备，你也能轻而易举地掌握思维导图工作法，让思维导图这个超强思维工具帮你实现高效人生。